LES
PLANTES INDIGÈNES DE L'ALSACE

PROPRES

A L'ORNEMENTATION DES PARCS ET JARDINS

Ire PARTIE

PLANTES HERBACÉES VIVACES

PAR

M. CHARLES KOENIG

Horticulteur, Membre de la Société d'histoire naturelle de Colmar

ET

M. GEORGES BURCKEL

Directeur du Jardin de la Société d'horticulture, Membre de la Société d'histoire
naturelle de Colmar.

COLMAR

TYPOGRAPHIE ET LITHOGRAPHIE DE VEUVE C. DECKER.

1885.

LES
PLANTES INDIGÈNES DE L'ALSACE

PROPRES

A L'ORNEMENTATION DES PARCS ET JARDINS

Iʳᵉ PARTIE

PLANTES HERBACÉES VIVACES

PAR

M. CHARLES KOENIG

Horticulteur, Membre de la Société d'histoire naturelle de Colmar

ET

M. GEORGES BURCKEL

Directeur du Jardin de la Société d'horticulture, Membre de la Société d'histoire
naturelle de Colmar.

COLMAR

TYPOGRAPHIE ET LITHOGRAPHIE DE VEUVE C. DECKER.

1885.

Extrait du *Bulletin* de la Société d'histoire naturelle de Colmar, années 1883–1885.

PLANTES HERBACÉES VIVACES
INDIGÈNES DE L'ALSACE

PROPRES

A L'ORNEMENTATION DES PARCS ET JARDINS

Lorsque la végétation d'un centre tel que l'Alsace a été aussi complètement fouillée que savamment décrite, il pourrait paraître superflu de présenter une étude nouvelle sur ses plantes, mais il est toujours utile de vulgariser des œuvres telles que la *Flore de Kirschleger*. C'est pour apporter un contingent, bien faible il est vrai, à cette pensée de propagande, que nous avons fait un choix de plantes herbacées vivaces indigènes, qui présentent un caractère ornemental dont le jardinier paysagiste saurait tirer un parti avantageux.

C'est un premier jalon pour l'inventaire des richesses florales dont l'Alsace a été dotée à profusion.

Les espèces dont l'indigénat soulevait des doutes, ou dont la naturalisation paraissait établie, pour une époque même reculée, ont été plus ou moins négligées, à peu d'exceptions près. Le nombre de celles qui sont à signaler est du reste encore assez important. Plus d'une plante intéressante, peu connue ou ignorée du grand nombre, trouve une place dans notre parc imaginaire, en attendant que quelqu'amateur du pittoresque lui donne accueil au milieu des formes étrangères, ces favorites du jour, qui souvent n'ont de mérite que leur origine lointaine.

Généralement les plantations improvisées manquent de caractère ; la couleur locale leur fait défaut ; elles présentent un aspect varié, sinon confus, qui contraste sans doute avec nos paysages spontanés, mais elles ne parviennent que rarement à imiter les effets harmonieux qui reposent la vue et charment par leur naturel.

Il arrive aussi que les écarts du climat châtient sévèrement notre trop grande confiance et détruisent, en un hiver, tous nos efforts d'acclimatation. N'est-ce point une invitation à chercher autour de nous des auxiliaires mieux appropriés aux exigences climatériques et tout aussi avantageux pour la décoration de nos jardins, de nos parcs, de nos promenades publiques?

Ce premier inventaire est le commencement d'une liste plus complète qui comprendra encore la série des plantes annuelles et l'importante section des plantes ligneuses, depuis le lierre rampant jusqu'au chêne majestueux, depuis l'humble bruyère jusqu'au sapin élancé.

Les éléments seront alors complets pour la création d'un parc exclusivement alsacien, création dont l'utilité ne saurait être méconnue. En effet, la réunion, dans un espace relativement restreint, de toutes nos plantes décoratives, ferait connaître les nombreuses ressources dont nous disposons et dont nous savons parfois si peu tirer parti.

La simple nomenclature des plantes eut été trop aride, et, sans aborder une description technique, pour laquelle les ouvrages sont nombreux, nous avons essayé de rappeler quelques caractères qui aideront à reconnaître chaque espèce et nous avons ajouté, sur son habitat, toutes les indications qui pourront en faciliter la recherche.

Quant au rôle ornemental, il est déterminé par les stations naturelles et nos recommandations, loin d'être absolues, doivent uniquement servir à donner une idée de l'application dont chaque plante est susceptible. La nature nous montre d'ailleurs elle-même, combien les conditions de l'état spontané peuvent être restreintes ou multiples.

Les familles, genres et espèces, se succèdent dans l'ordre botanique suivi par notre principal guide, Kirschleger.

Pour faciliter la tâche du paysagiste, nous donnons à la suite, sous rubriques spéciales, un répertoire des plantes qui se prêtent plus particulièrement à un rôle déterminé; nous le faisons suivre des listes alphabétiques des noms latins, français et allemands mentionnés, avec le numéro d'ordre correspondant.

Notre but serait largement atteint si ce petit travail pouvait contribuer à augmenter le nombre de ceux qui savent apprécier la poésie des plantes ou qui s'intéressent aux études locales que notre *Société d'histoire naturelle* s'efforce de propager.

Ranunculaceae. RENONCULACÉES. *Hahnenfussgewächse.*

Cette famille comprend un des groupes les plus intéressants de plantes vivaces à fleurs ornementales qui se prêtent aux différentes exigences de l'exposition et du sol et dont nous indiquons les plus belles.

1. ANEMONE PULSATILLA, L. Anémone pulsatille, Coquelourde. *Küchenschelle, Kuhschelle, Osterblume, Wolfspfote, Guckauge.* — Petite plante gazonnante, de 10 à 30 centimètres ; à feuilles finement découpées ; à fleurs purpurines, bien apparentes ; en mars, avril. Commune dans les pâturages et prairies sèches de la plaine, des collines calcaires et des montagnes granitiques et euritiques ; dans le Sundgau ; à Soultzmatt, Colmar, Scherwiller, Barr, Mutzig, Dorlisheim, Wasselonne, Westhofen ; Strasbourg, Neuhof, Gansau, Oberhausbergen, Ostwald. Propre au parterre, à découvert, en terre calcaire ou franche de préférence.

2. ANEMOME ALPINA, L. A. des Alpes. *Alpen-Windröschen, Teufelsbart, Schneehändel, Bölchenblume* (Guebwiller), *Respel* (Vallée de Munster). — Petite pl.[1] gazonnante, de 15 cm.[2] ; à f.[3] incisées et velues ; à fl.[4] blanches, d'abord nuancées de bleu, rarement jaune soufre ; en mai, juin, parfois refleurit en août,

ABRÉVIATIONS.

[1] pl. = plante.
[2] cm. = centimètre.
[3] f. = feuille.
[4] fl. = fleur.

1

septembre. Croît sur les hautes crêtes des Vosges; Ballons, Honeck, Rotabac, Tannache, Schweisel, de 1200 jusqu'à 1400 mètres d'altitude. Propre à l'enrochement, en terre de bruyère; de culture très difficile.

3. ANEMONE NARCISSIFLORA, L. A. à fleurs de narcisse. *Narzissenblüthiges Windröschen, Berghähnlein.* — Petite pl. gazonnante, de 30 à 40 cm.; à f. profondément incisées, très velues au début; à fl. blanches ou nuancées de pourpre, par groupes de 2 à 7 disposés en ombelle; en juillet. Croît sur les escarpements des hautes Vosges; Hohneck, Rotabac. Propre au parterre et à l'enrochement, de préférence en terre de bruyère; de culture délicate.

4. ANEMONE SYLVESTRIS, L. A. sauvage. *Wald-Windröschen, Nonnenblume, Waldhähnchen.* — Petite pl. très traçante, de 15 à 30 cm.; à f. moins incisées que les précédentes; à hampe florale assez élancée, paraissant parfois à un mètre de distance de la souche mère; à fl. assez grandes et planes, blanches ou roses; en mai, juin. Croît dans les haies de quelques collines vosgiennes du Bas-Rhin; Dorlisheim, Obernai, Barr, Wissembourg; en plaine, dans les forêts du Kastenwald et de la Hardt. Propre au parterre, supporte le demi-couvert et prospère en terre calcaire, franche ou en terreau.

5. ANEMONE HEPATICA, L. (HEPATICA TRILOBA, D C.). A. hépatique, Hépatique à trois lobes, Hépatique. *Leber-Blümchen-Blümle, Vorwitzchen, Leber-Gulden-Klee, Edelleberkraut.* — Petite pl. ramassée, de 15 cm.; à f. trilobées, planes, consistantes, vert sombre passant au pourpre en automne; à fl. bleues ou violettes, roses, rarement blanches ou panachées; en février, avril, avant le développement des feuilles. Croît dans les bois et forêts des collines et des montagnes des Vosges et du Sundgau; Saint-Gilles, Florimont, Dorlisheim, Barr. Propre au parterre, à la bordure, même sous couvert, à l'enrochement, en terre de bruyère.

6. THALICTRUM AQUILEGIFOLIUM, L. Pigamon à feuilles d'ancolie, Colombine panachée. *Akeleiblättrige Wiesenraute.* — Pl. de 30 à 100 cm.; à f. lobées par trois séries de trois folioles; à

inflorescence en panicule serré ; à fl. roses ou blanches ; en mai, juillet. Très rare ; sur les bords du Rhin et les îlots, çà et là, jusqu'à Marckolsheim ; assez fréquente à Huningue et à Kembs ; dans les prés et les bois de la région jurassique. Propre au parterre et à l'enrochement, en terre franche.

7. THALICTRUM COMMUNE, Kettel. (TH. MINUS, L.). Petit pigamon, P. des collines. *Kleine Wiesenraute.* — Plante de 60 cm. et plus, rarement de 30 cm.; à f. ramifiées, très élégantes ; à inflorescence en panicule; à fl. jaunâtres, gracieusement inclinées ; en juin, juillet. Croît sur les collines calcaires des Vosges ; Ingersheim, Turckheim, Plobsheim, Mutzig, Soultz-les-Bains ; sur le Muschelkalk, entre Mutzig et Wasselonne ; dans le Sundgau. Propre au parterre et à l'enrochement, en terre substantielle.

8. THALICTRUM FLAVUM, L. P. jaune, jaunâtre, Rue des prés, Rhubarbe des pauvres. *Gelbe Wiesenraute, Mattenrute.* — Pl. atteignant un mètre ; à f. plus grandes que les précédentes; à inflorescence en panicule ; à fl. jaunâtres; en juillet, août. Très commune dans les prairies humides, les pâturages, buissons, oseraies de la plaine et des vallées. Propre au parterre, à l'isolement, au bord de l'eau, dans les gazons, en terre substantielle.

9. ADONIS VERNALIS, L. Adonide de printemps. *Gemeines Adonisröschen, Frühlings-Adonis.* — Petite pl. ramassée, de 15 à 24 cm. ; à f. découpées; à fl. grandes, jaunes; en mars, avril. Rare ; croît dans un bois de Heiteren, près Neuf-Brisach et dans le Kastenwald. Propre au parterre, en terre franche et terreau.

10. RANUNCULUS AQUATILIS, L. Renoncule aquatique, Grenouillette. *Wasser-Hahnenfuss, Frosch- Froschenlaichkraut, Haarkraut.* — Pl. aquatique; à f. immergées très découpées; à f. émergées souvent planes, trilobées; à fl. blanches; en mai, juillet; affecte tantôt des feuilles divariquées ou capillaires, tantôt est franchement flottante. Très commune dans toutes les eaux stagnantes, les fossés, les ruisseaux. Propre à orner les parties d'eau dont elle couvre le fond et décore la surface.

11. RANUNCULUS HEDERACEUS, L. R. à feuilles de lierre. *Epheublättriger Hahnenfuss.* — Petite pl. aquatique, de 10 à 40 cm. ; à tige rampante ; à f. de trois à cinq lobes; à fl.

blanches; en été. Croît entre Cernay et Staffelfelden, dans les endroits marécageux. Propre aux parties vaseuses des étangs.

12. RANUNCULUS ACONITIFOLIUS, L. R. à feuilles d'aconit. *Eisenhutblättriger Hahnenfuss, Weisser Berghahnenfuss, Silberknopf.* — Pl. atteignant de 30 à 80 cm.; à f. assez grandes, divisées ordinairement en cinq lobes; à fl. blanches; en mai, septembre. Croît abondamment dans les escarpements et les ravins des hautes Vosges et descend jusque dans les vallées; massif du Champ-du-Feu; Jura alsatique. Propre au parterre, se plaît au bord de l'eau, convient à l'enrochement, en terre de bruyère de préférence.

13. RANUNCULUS LINGUA, L. R. langue. *Grosser Hahnenfuss.* — Pl. marécageuse, de 50 à 150 cm.; à f. lancéolées, très longues; à fl. jaunes; en juillet, septembre. Commune dans les fossés aquatiques; près d'Huningue, Éguisheim, entre Colmar et Wissembourg; très abondante près de l'étang, entre Ostwald et Lingolsheim; fréquente dans la plaine de Haguenau, le bassin de la Lauter. Propre au fond des pièces d'eau, au-dessus desquelles elle émerge ses fleurs.

14. RANUNCULUS ACRIS, L. R. âcre. *Scharfer Hahnenfuss, Wiesen-Hahnenfuss.* — Pl. de 30 à 60 cm.; à f. fortement palmées; à fl. jaunes; en avril, juin. Abonde dans les prairies et pâturages. Propre au parterre, en toute terre.

15. ACTAEA SPICATA, L. Actée en épi, Christophore. *Gemeines Christophskraut.* (Voir aussi fam. des Actéacées). — Pl. de 30 à 80 cm.; à f. bi-tripennées; à fl. petites, ramassées en épi court, blanches; en mai, juin. Croît dans les lieux rocailleux et ombragés des forêts des Vosges granitiques et arénacées; sur le calcaire jurassique du Sundgau; en plaine, dans la Hardt; vallées de Munster, Hohlandsberg, de Saint-Amarin, Hohkönigsburg; Ban de la Roche, Ungersberg, Ottmarsheim, Oberbronn, Wissembourg. Propre au parterre, à l'enrochement, sous couvert, en terre de bruyère ou franche.

16. ACONITUM LYCOCTONUM, L. Aconit tue-loup, A. jaune. *Wolfs-Eisenhut, Wolfstodtwurz, Teufelswurz, Gemeiner Eisenhut.* — Pl. de 60 à 120 cm.; à f. lobées; à fl. moyennes en

casque, disposées en épi, jaunes; en juin, juillet. Croît dans les escarpements des hautes Vosges, le long des ruisseaux et des torrents, parmi les rocailles et les buissons; vallées de Guebwiller, de Munster, de Saint-Amarin, de Massevaux; rare au Champ-du-Feu, dans le grès vosgien; commune dans le Jura du Sundgau supérieur. Propre au parterre et à l'enrochement, en terre substantielle.

17. Aconitum Napellus, L. A. Napel, bleu. *Aechter, blauer Eisenhut, Wolfs-Sturmhut, Mönchenkappe, Venuswagen.* — Pl. de 60 à 120 cm.; à racines charnues; à f. fortement lobées; à grandes fl. en casque, disposées en épi, bleues; en juillet, septembre. Commune dans les prairies rocailleuses et les escarpements des hautes Vosges, du Ballon de Giromagny aux lacs Noir et Blanc, à 1000—1300 mètres d'altitude; descend dans les vallons et vallées; bords de la Fecht, à Metzeral; croît aussi dans le Jura du Sundgau supérieur. Propre au parterre et à l'enrochement, en terre substantielle.

18. Caltha palustris, L. Populage des marais. *Sumpf-Dotterblume.* — Pl. de 30 cm.; à rhizômes épais; à f. orbiculaires, crénelées, courtement pétiolées; à fl. grandes, jaune vif doré; en avril, mai. Commune dans tous les prés humides, le long des ruisseaux et des fossés aquatiques. Convient aux bords inondés des ruisseaux, des étangs, dans lesquels elle peut prospérer à une faible profondeur; ne redoute point le couvert.

19. Trollius europaeus, L. Trolle d'Europe. *Gemeine Trollblume.* — Pl. de 30 à 60 cm.; à f. fortement palmées; à fl. globuleuses, jaune pâle; en mai, juillet. Croît dans les prairies des vallées supérieures; vallée de Munster, Wolmsa, Mittla, Ballon de Soultz, Hohneck, Ballon de Giromagny. Propre aux abords des pièces d'eau.

20. Aquilegia vulgaris, L. Ancolie commune, sauvage. *Gemeine Akelei, Narren-Kappen.* — Pl. de 50 à 60 cm.; à f. trichotomes, à divisions pétiolées; à fl. penchées, ordinairement bleues, rarement purpurines ou blanches; en mai, juin. Très commune dans les bois et forêts de la plaine, des collines et des vallées des Vosges et du Sundgau. Propre au parterre, à

l'enrochement, en terre substantielle ; ne redoute pas le demi-couvert.

21. HELLEBORUS FOETIDUS, L. Hellébore fétide, puant, Pied de griffon, Patte d'ours. *Stinkende Niesswurz, Läuskraut.* — Plante de 30 cm. ; à odeur fétide ; à f. pédiformes ; à fl. nombreuses, vert pâle, jaunâtres ; en mars, avril. Croît dans les bois gramineux du diluvium caillouteux ancien ello-rhénan de la plaine, d'Huningue à Rhinau ; moins fréquente dans les collines et vallées ; abonde sur la grauwacke, les porphyres, le muschelkalk ; commune dans le Sundgau et le Jura ; abonde à Dorlisheim, Barr, Rosheim, vallées de la Bruche, de Saint-Amarin. Propre au parterre et sous couvert, en terre franche ; excellente pour rocailles.

22. ERANTHIS HYEMALIS, L. Hellébore d'hiver. *Gemeiner Winterstern, Winterling.* — Petite pl. de 5 à 12 cm. ; à racines charnues, n'ayant qu'une seule feuille radicale, pétiolée et lobée ; à fl. jaune d'or ; en janvier, mars. Croît dans les haies et buissons, autour du château de Landsberg, près de Barr et pourrait bien y avoir été importée par les châtelains, du 16e au 17e siècle. Propre surtout à l'enrochement, sous couvert, en terre substantielle et au parterre.

Nymphaeineae. NYMPHÉINÉES. *Seerosengewächse.*

Plantes aquatiques, à souches traçantes dans la vase, au fond des eaux, où elles se remarquent par leurs grandes feuilles surnageantes ou émergées et leurs grandes fleurs. Les deux espèces ci-dessous seules croissent en Alsace.

23. NYMPHAEA ALBA, L. Nénuphar blanc, Nymphée blanche, Lys d'étang. *Weisse Seerose, See-Wasserlilie, Nixenblume.* — Pl. à grandes feuilles cordiformes, orbiculaires, de 14 à 28 cm. de diamètre, parfois d'un vert purpurin, surnageant toujours ; à fl. blanches ; en mai, juillet. Croît dans les fossés aquatiques, étangs, piscines ; très commune dans les arrières-eaux du Rhin ; Neuf-Brisach, alentours de Strasbourg ; Éguisheim ; abonde dans la direction de Belfort. Propre à tous les étangs à fond calcaire ou graveleux.

24. Nuphar luteum, Tm. Nuphar jaune, Nénuphar jaune. *Gelbe Nixenblume, Wasserrose, gelbe Seerose, Letschblätter.* — Pl. à f. immergées presque transparentes; à f. nageantes grandes, ovales, cordiformes, d'un vert gai ou jaunâtre; à fl. jaunes; en mai, juillet. Croît dans les fossés aquatiques, étangs, rivières; très-commune dans l'Ill, la Lauch et toute la plaine. Propre aux ruisseaux et pièces d'eau à fond vaseux.

Fumariaceae. Fumariacées. *Erdrauchgewächse.*

Deux espèces vivaces ornementales, de culture facile, sont à noter.

25. Corydalis cava, Schw. Corydale creux, Fumeterre, Aristoloche creuse. *Gemeiner Lerchensporn, Hohlwurz, Kalmei.* — Pl. de 15 à 30 cm.; à tubercules creux; à f. divisées et incisées; à fl. en grappe, purpurines, roses ou blanches; en mars, avril, mai, sur les hauteurs. Croît dans les champs, vignes et prairies des contreforts calcaires, où elle est commune; Niedermorschwihr, entre Ingersheim et Turckheim, Beblen-heim, Barr, Soultz-les-Bains, Mutzig, Haguenau, Bouxwiller, Soultz-sous-Forêt, vallée de Munster, Ballon de Soultz; sur le porphyre, entre le Herrenfluch et le Freundstein; dans les forêts de hêtre, au Champ-du-Feu, à 900 m. d'altitude, dans presque tout le Sundgau. Propre au parterre et à l'enrochement, en terre franche substantielle.

26. Corydalis solida, Tm. C. solide. *Gefingerter Lerchen-sporn.* — Pl. de 15 à 30 cm.; à tubercules pleins; à f. décom-posées; à fl. en grappe, purpurines, roses, rarement blanches; en mars, avril. Croît dans les vignes et les haies des contreforts calcaires; abonde près de Turckheim, d'Ingersheim, de Scher-willer; à Haguenau, au Ban de la Roche; vallée de Saint-Amarin, parmi les rocailles; dans le Sundgau, à Gambsheim. Propre au parterre et à l'enrochement, en terre franche.

Cruciferae. Crucifères. *Kreuzblümler.*

Famille importante, facile à reconnaître à la disposition de la fleur et des graines et qui fournit un précieux contingent de plantes vivaces.

27. DENTARIA PINNATA, Lam. Dentaire à feuilles ailées. *Gefiedertes Zahnwurz-Kraut.* — Pl. de 40 à 50 cm.; à f. composées, à 5—7 lobes; à fl. en corymbe, lilas pâle; en avril, mai. Croît dans les rocailles des forêts supérieures des Vosges et dans le calcaire jurassique du Sundgau; Ferrette, vallée de Saint-Amarin, vallée de Guebwiller, de Steinbach, de Munster, Wintzenheim, Eschbach, Griesbach, Soultzbach, Ribeauvillé, Sainte-Marie-aux-Mines, Dambach, Barr, sur le massif du Champ-du-Feu. Propre au parterre et à l'enrochement, en terre franche ou de bruyère; préfère les stations fraîches et ombragées.

28. DENTARIA DIGITATA, Lam. (D. PENTAPHYLLOS, L.). D. à feuilles digitées. *Fünffingrige Zahnwurz.* — Pl. de 40 à 50 cm.; à f. divisées en 5 folioles digitées; à fl. lilas rose; en avril, mai. Croît dans les forêts rocailleuses, les vallons et ravins humides et boisés; rare dans les Vosges; commune derrière Guebwiller, vers Rimbach, Wattwiller, Thann, dans la vallée de Steinbach, près de Cernay, à Zillisheim dans le Sundgau; ruines du Freundstein et environs, derrière Barr. Propre au parterre et à l'enrochement, en terre franche de préférence.

29. CARDAMINE PRATENSIS, L. Cardamine des prés, Cressonnette, Cresson des prés. *Wiesen-Schaumkraut, Gemeiner Wiesenkresse.* — Pl. de 30 cm.; à f. pennées; à fl. lilas, rarement blanches; en mars, mai. Croît partout dans les prairies, surtout dans les prés humides et marécageux. Propre au parterre et sur le bord des pièces d'eau, en terre compacte ou tourbeuse.

30. NASTURTIUM OFFICINALE, R. Br. Cresson officinal, d'eau, de fontaine. *Gemeiner Brunnenkresse.* — Plante de 60 cm.; à f. distinctement lobées; à fl. blanches; en été. Croît dans les eaux vives, les ruisseaux, dans toute la plaine d'Alsace et dans le Sundgau. Propre aux cours d'eau.

31. NASTURTIUM PYRENAICUM, R. Br. (RORIPA PYRENAICA, Sp.). Sisymbre à lobes aigus, Roripa des Pyrénées. *Pyrenäen-Brunnenkresse.* Touffe gazonnante, de 20 à 40 cm.; à f. plus ou moins incisées ou en lyre; à fl. jaunes; en mai, juin. Croît

dans les prairies sèches et cailouteuses des vallées; très commune, de Belfort à Mutzig. Propre au parterre, aux enrochements, en terre siliceuse.

32. DIPLOTAXIS TENUIFOLIA, DC. Diplotaxide à feuilles menues. *Dünnblättriger Kohl, Kreisblättriger Stinkranke.* — Pl. fétide, de 40 à 80 cm.; à f. glaucescentes, plus ou moins incisées ou lobées; à fl. jaunes; en été. Croît sur les bords du Rhin, à Neuf-Brisach, sur les bords de la Thur, dans la vallé de Saint-Amarin, sur les ruines du château de Zellenberg, à Huningue; très commune aux environs de Drusenheim; commune à Fort-Louis. Propre au parterre et à l'enrochement, en terre siliceuse ou graveleuse.

33. LUNARIA REDIVIVA, L. Lunaire vivace. *Ausdauernde Mondviole, Mondkraut, Langschottiges ausdauerndes Silberblatt, Mondnegel.* — Pl. de 30 à 100 cm.; à f. inférieures cordiformes, longuement pétiolées; à fl. lilas, odorantes; en mai, juin. Croît dans les prés rocailleux, dans les escarpements, sur les bords des ruisseaux des hautes Vosges, dans les vallées vosgiennes et jurassiques, dans le Sundgau; Ballon de Soultz, vallée de Saint-Amarin, de Guebwiller, de Munster, de Sainte-Marie-aux-Mines, de Haslach, à la montagne de Saint-Odile, Niedeck et pays de Dabo, à Ferette; extrêmement commune au Heidenfluch, dans la vallée de Steinbach, près Cernay. Propre au parterre et à l'enrochement humide, en terre siliceuse ou calcaire.

34. ALYSSUM MONTANUM, L. Alysson des montagnes. *Berg-Steinkraut.* — Pl. presque suffrutescente, de 10 à 20 cm.; à f. grises; à fl. jaunes; en mai, juin. Croît sur les collines calcaires de l'Ortenberg et du Ramstein; sur la montagne granitique de l'Ortenberg, près de Scherwiller, parmi les rocailles; abonde sur les collines du Jura et du Sundgau, à Dornach et Birseck. Propre au parterre et à l'enrochement, en terre calcaire et endroits secs.

35. THLASPI MONTANUM, L. Tabouret des montagnes. *Berg-Pfennigkraut.* — Pl. de 10 à 15 cm.; à f. radicales, ovales, pétiolées, les supérieures oblongues, amplexicaules; à fl.

blanches; en mars, avril. Croît abondamment sur les collines calcaires; à Ingersheim, Soultzmatt, Westhalten, Osenbach; dans le Sundgau. Propre au massif et à l'enrochement, en terre franche et calcaire, en lieu ombragé.

36. THLASPI ALPESTRE, L. T. alpestre. *Vor-Alpen Pfennigkraut.* — Pl. de 10 à 15 cm.; d'un aspect plus grêle que la précédente; à fl. blanches; en avril, juin. Croît dans les rocailles des hautes Vosges, au Ballon de Soultz, de Giromagny, au Hohneck, sur les escarpements du Schaefferthal, du Wormspel; commune dans la vallée de Saint-Amarin, de Wildenstein à Wesserling et Ramspach, dans les moraines transversales; commune dans la vallée de Guebwiller, surtout dans le vallon qui conduit au Böhmles-Grab; dans le Jura. Propre à l'enrochement, en terre siliceuse ou franche, à ciel ouvert.

37. BISCUTELLA LAEVIGATA, L. Lunetière lisse, Biscutelle. *Glattfrüchtige Brillenschotte.* — Pl. de 30 à 50 cm.; à f. plus ou moins sinuées et dentées ou entières; à fl. jaune soufre; en mai, juin. Croît dans les alluvions rhénanes, à Neuf-Brisach, aux environs de Strasbourg; dans les Vosges, au Nideck, près du château d'Ortenberg, au-dessus de Dieffenthal; dans le Sundgau, à Blotzheim. Propre à l'enrochement, en terre siliceuse.

Violarieae. VIOLARIÉES. *Veilchengewächse.*

Cette famille ne comprend dans notre flore qu'un seul genre dont les espèces les plus notables ont déjà marqué leur place dans les cultures d'agrément.

38. VIOLA HIRTA, L. Violette hérissée, V. de mars inodore. *Behaartes Veilchen, Geruchlose wilde Märzveilchen, Wilde Veillaten.* — Pl. traçante, de 10 cm.; à f. cordiformes, allongées, poilues; à fl. bleu violacé, quelquefois roses ou blanches ou panachées, inodores; en mars, avril. Croît dans les prairies, les pâturages, les haies. Propre au parterre, à la bordure, au massif, sous couvert et à l'enrochement, en toute terre.

39. VIOLA ODORATA, L. V. odorante, Fleur de mars, V. de mars odorante. *Wohlriechendes Veilchen, Märzveilchen,*

Zahme Veillaten. — Pl. traçante, de 10 cm. ; à f. cordiformes; à fl. bleu purpurin, violettes, rarement roses, lilas ou blanches, odorantes; en mars, avril; type des variétés doubles fréquemment cultivées. Croît dans les haies, les bois, le long des vieux murs des vignes ; rare dans le grès vosgien. Propre à la bordure, au massif, sous couvert, à l'enrochement, en bon terreau de préférence.

40. VIOLA CANINA, L. V. des chiens. *Hunds-Veilchen.* — Pl. touffue, non traçante, de 10 cm. ; à f. ovales, oblongues ; à fl. grandes, bleu pâle; en mai, juin. Croît un peu partout, sous bois, dans les montagnes et en plaine, dans les terrains granitiques, arénacés ou les collines calcaires. Propre au massif, sous couvert et à l'enrochement, en terreau ou terre franche.

41. VIOLA MIRABILIS, L. V. étonnante. *Wunder-Veilchen.* — Pl. touffue, de 6 à 18 cm. ; à f. larges, cordiformes ; à fl. petites, lilas, auxquelles succèdent des fl. apétales qui seules fructifient ; en avril, juin. Croît sur les collines calcaires d'Ingersheim, au Kastenwald, à Marlenheim ; dans le Sundgau, à Zillisheim. Propre à l'enrochement, en terre franche.

42. VIOLA ELEGANS, Spach. (V. LUTEA, Tm.-V. GRANDIFLORA, Vill.). Pensée des Vosges. *Bergviolen, Berg-Dreifaltigkeitsblümle.* — Pl. rampantes, de 3 à 5 cm. ; à f. plus ou moins cordiformes ou lancéolées; à fl. toutes jaunes ou blanchâtres ou indigo pourpre éclatant, bleu pâle ou tricolores, pourpre, jaune et blanc, à cinq lignes purpurines, à la base du pétale impair et des pétales mitoyens; en mai, septembre. Croît dans tous les pâturages des hautes Vosges, de 1000 à 1400 m. d'altitude, depuis le Ballon de Giromagny jusqu'au Champ-du-Feu. Propre à l'enrochement, en terre de bruyère et au nord.

Parnassiene. PARNASSIÉES. *Steinbruchgewächse.*

Famille comprise par certains botanistes dans les SAXIFRAGÉES ou distinguée sous le nom de DROSÉRACÉES.

43. PARNASSIA PALUSTRIS, L. Parnassière des marais, Gazon du Parnasse, Hépatique blanche. *Sumpf-Herzblatt, Parnassie,*

Parnasskraut, Weiss Leberblümlein, Einblatt, Studentenrösle, Herrenblümle. — Petite plante, de 10 à 30 cm. ; à f. cordiformes, les radicales pétiolées ; à fl. grandes, blanches ; en août, septembre. Croît dans les prairies humides et marécageuses, dans toutes les régions, jusqu'aux sommets des Vosges. Propre aux enrochement humides, en terre de bruyère ou siliceuse ; de culture difficile.

Polygaleae. Polygalées. *Bitterlinge.*

44. Polygala comosa, Schkuhr. Polygala chevelu. *Schopfige Kreuzblume.* — Pl. gazonnante de 10 à 15 cm. ; à f. plus ou moins étroites et lancéolées ; à inflorescence en grappe ; à fl. bleues, roses ou blanches ; en avril, juin. Croît dans les pâturages, prés et collines de toute la région rhénane, sur les collines calcaires sous-vosgiennes et du Sundgau. Propre à l'enrochement, en terre de bruyère de préférence ; de culture très difficile.

Caryophylleae. Caryophillées. *Nelkengewächse.*

Famille très répandue et comprenant le riche genre des œillets, d'une culture universelle, d'où le nom de Dianthacées donné par certains auteurs ; les principaux genres vivaces qui méritent une mention sont les suivants.

45. Cerastium arvense, L. Ceraiste des champs. *Acker-Hornkraut. Weisse Ackernägele, Nägelegras, Hartnägele, Nelke.* (Voir aussi fam. des Alsinées, Kirschl.) — Pl. gazonnante, de 15 à 20 cm. ; à f. linéaires, pubescentes, plus denses à la base des hampes florales ; à fl. blanches ; en mai, juin. Extrêmement commune sur le bord des routes, des champs, jusque dans les hautes Vosges. Propre au massif, à l'enrochement, au talus, en toute terre et en plein soleil.

46. Dianthus carthusianorum, L. Œillet des chartreux. *Karthäuser-Nelke, Feldnägele.* — Pl. à souche gazonnante, de 20 à 50 cm. ; à f. linéaires, fortement engaînantes ; à fl. pourpres ou roses, rarement blanches ; en avril, juin. Très commune dans les prés et les pâturages. Propre au parterre, au massif, à l'enrochement, en lieux humides et dans tout sol.

47. DIANTUS SUPERBUS, L. Mignardise des prés, Œillet superbe, Œ. à plumet. *Pracht-Nelke, Wild-Feldnägelein, Wiesen-Federnägele, Wilder Muthwillen.* — Pl. gazonnante, de 30 à 80 cm.; à f. longues, linéaires, lancéolées, d'un vert gai; à fl. dont les pétales sont très divisés, rose tendre ou légèrement purpurin, d'une odeur suave; en août, septembre. Abonde dans les prairies humides et les bois gramineux de la plaine; se trouve aussi dans les Vosges inférieures et supérieures, jusque dans les escarpements du Johneck et dans le Sundgau. Propre au parterre, en massif ou bordure, dans tout terrain.

48. DIANTHUS DELTOIDES, L. Œillet deltoïde. *Deltafleckige Nelke.* — Pl. gazonnante, de 15 à 30 cm.; à f. courtes, linéaires; à fl. à pétales entiers, rouges, roses, rarement blanches; en été. Croît dans les pâturages rocailleux du massif du Ballon de Soultz; très abondante en montant de Goldbach, au Ballon de Soultz, aux environs de Geishausen, Goldbach, Molkenrain; dans le grès vosgien, depuis la Petite-Pierre jusqu'au Jægerthal et à Ludwigswinkel, dans la forêt de Haguenau et de Brumath. Propre à l'enrochement, en terre franche.

49. SAPONARIA OFFICINALIS, L. Saponaire officinale, Savonière commune. *Gemeines Seifenkraut.* — Pl. de 30 à 60 cm.; à racines traçantes et envahissantes; à f. ovales ou elliptiques; à fl. rose pâle ou blanches; en juillet, août. Commune partout, dans les lieux vagues, les champs, au bord des torrents et des rivières, sur les digues; était déjà commune au XVIe siècle. Propre au parterre, en toute terre.

50. SILENE NUTANS, L. Silène penchée. *Nickendes Leimkraut, Wildes hängendes Frauenröschen.* — Pl. gazonnante, de 30 à 60 cm.; à racines charnues; à f. ovales ou oblongues; à fl. penchées, blanches ou rosées; en mai, juin. Croît dans les pâturages arides et ombragés, dans les rocailles, aussi bien sur les collines calcaires que dans la plaine et les vallées granitiques et arénacées; dans le Sundgau. Propre au parterre et à l'enrochement, en terre franche ou siliceuse.

51. SILENE RUPESTRIS, L. S. des rochers. *Felsen-Leimkraut.* — Pl. de 10 à 20 cm.; à f. inférieures lancéolées,

légèrement pétiolées, les autres sessiles ; à fl. blanc de lait ; en mai, septembre. Croît sur les rochers des Vosges supérieures, au Ballon de Guebwiller, de Giromagny, au Hohneck, dans les vallées de Munster, de Massevaux de Saint-Amarin, dans les moraines transversales et latérales. Propre à l'enrochement, en terre de bruyère.

52. VISCARIA VULGARIS, Kohl. (LYCHNIS VISCARIA, L.). Lychnide visqueuse, Attrape-Mouches. *Klebrige Lichtnelke, Pechnelke, Marienrösle, Käpfer.* — Pl. de 15 à 30 cm. ; à f. lancéolées ; à tiges florales très-visqueuses aux articulations ; à fl. purpurines, rarement blanches ; en mai, juin. Croît sur les pâturages gramineux et rocailleux ; Hohlandsberg ; en plaine, dans la Hardt, le Kastenwald ; à Ribeauvillé, sur le gneiss ; sur le grès vosgien, depuis Saverne, le pays de Dabo et La Petite-Pierre jusqu'à Niederbronn, Bitche. Propre au parterre, en terre siliceuse ou de bruyère.

53. AGROSTEMMA FLOS-CUCULI, L. (LYCHNIS FLOS-CUCULI, L.). L. fleur de coucou, Lamprette, OEillet des prés. *Kuckucks-Lichtnelke, Kuckucksblume, Rothe Gauchnelke, Schletznägele.* — Pl. de 30 à 60 cm. ; à f. glabres, oblongues ou linéaires ; à fl. à pétales déchiquetés, rose purpurin plus ou moins pâle, rarement blanches ; en mai, juin. Commune dans les prairies plus ou moins humides, jusque dans les hautes Vosges. Propre au parterre, au massif, en toute terre.

54. LYCHNIS PRATENSIS, Sprengel. (L. DIOÏCA, Dc. — L. VESPERTINA, Sibth.). L. dioïque blanche, des prés, Compagnon blanc, Floquet, Oeillet de Dieu. *Weisse Lichtnelke, Gemeiner Widerstoss, Feldlampe, Lindweich, Junggesellenknopf, Je länger je freundlicher, Kalbszungen.* — Pl. de 30 à 60 cm. ; à f. ovales, lancéolées ; à fl. blanches, rarement roses, odorantes, ne s'épanouissant que le soir ; en été. Très-commune sur le bord des routes, des champs, des prés, dans la plaine et les vallées. Propre à l'enrochement, en terre substantielle.

55. LYCHNIS SYLVATICA, Schauenbourg, (L. SYLVESTRIS Dc.). L. des bois. *Rothe Lichtnelke, Rother Widerstoss, Waldnelke.* — Pl. ressemblant à la précédente ; à fl. rose pourpre, inodores,

plus hâtives d'un mois; en mai, juillet. Croît dans les forêts et les bois humides des Vosges, du Sundgau; dans la plaine, entre Haguenau et Lauterbourg. Propre au parterre et à l'enrochement, en toute terre, de préférence dans les endroits frais et ombragés.

Malvaceæ. MALVACÉES. *Malvengewächse.*

La fleur, les feuilles, le port, tous les caractères avantageux sont réunis dans les deux espèces suivantes pour en rehausser le mérite ornemental.

56. MALVA ALCEA, L. Mauve alcée, Herbe de Siméon. *Spitzblättrige Malve, Sigmarswurz-Kraut, Studentenblume.* — Pl. de 60 à 130 cm.; à f. inférieures orbiculaires, échancrées en cœur, grandes, les supérieures palmatiséquées; à fl. roses; en été. Croît sur le bord des routes, dans les lieux vagues, les digues, haies, bois caillouteux, dans toute la vallée rhénane, le Sundgau et les vallées des Vosges. Propre au parterre, en terre substantielle.

57. MALVA MOSCHATA, L. M. musquée. *Moschus Malve.* — Pl. voisine de la précédente, moins haute, à odeur de musc; à f. pétiolées, plus ou moins divisées; à fl. roses, sentant légèrement le musc; en juillet, septembre. Très-commune dans les prés et les pâturages des vallées des Vosges et du Jura; rare en plaine. Propre au parterre, en terre siliceuse.

Geraniaceæ. GÉRANIACÉES. *Storchschnabelgewächse.*

58. GERANIUM SANGUINEUM, L. Geranium sanguin, Sanguinaire. *Blutrother Storchschnabel, Grosser Blutwurz.* — Pl. pileuse, de 30 cm.; à f. presque rondes, divisées en 5 ou 7 segments incisés en 3 à 5 lames; à fl. grandes, pourpres; en mai, juin. Assez commune sur les collines calcaires et sous-vosgiennes, de Guebwiller à Bergheim; dans la vallée de Munster, sur la Grauwacke, au Hohenstauffen; à Oberbronn, Niederbronn, sur les côteaux du grès vosgien et du trias, de Steinbach à Wissembourg; abonde dans la vallée de la Lauter, à Lutzelstein, sur

l'Altenburg ; dans la Hardt, le Kastenwald ; très-abondante sur le granit, à Ortenberg et Ramstein, près de Scherwiller ; à Turckheim ; abonde aussi dans le calcaire jurassique et les collines du Sundgau. Propre au parterre et à l'enrochement, en terre substantielle légère, à exposition aride, en plein soleil.

59. GERANIUM SYLVATICUM, L. G. des bois. *Waldstorchschnabel, Gottes-Gnaden-Kraut.* — Pl. de 30 à 60 cm. ; à f. longuement pétiolées et divisées en 5 et 7 segments incisés ; à fl. pourpre lilas ou violacé ; en mai, juin. Croît sur les escarpements des hautes Vosges, les prairies des vallées, le long des ruisseaux, sur le massif du Champ-du-Feu ; sur le grès vosgien, depuis Lichtenberg jusqu'à Bitche et Ludwigswinkel, dans la Hardt, le Sundgau. Propre au parterre et surtout à l'enrochement, en terre siliceuse et à ciel plus ou moins couvert.

60. GERANIUM PALUSTRE, L. G. des marais. *Sumpf-Storchschnabel.* — Pl. de 30 à 60 cm. ; à f. comme dans la précédente ; à floraison plus tardive de six à huit semaines ; à fl. pourpres ; en juillet, août. Rare ; le long des ruisseaux et des buissons humides ; derrière Bergheim, vers le Tempelhof ; à Benfeld ; dans le Sundgau, à Hirsingue et Delle. Propre à l'enrochement, dans les parties humides, en terre franche de préférence.

61. GERANIUM PYRENAICUM, L. G. des Pyrénées. *Pyrenäischer Storchschnabel.* — Pl. pileuse, de 30 à 50 cm. ; à racines pivotantes ; à f. rondes, incisées ; à fl. pourpre violet ; en été. Commune dans les montagnes, collines et plaines, jusqu'à 1000 m. d'altitude ; vers le petit Hohneck, autour des censes ; abonde dans les vallées des Vosges, à Munster, au Schlosswald, à Barr, Niederbronn, Bouxwiller, Haguenau ; à Colmar, Strasbourg sur les bords de l'Ill ; dans le Sundgau, à Delle. Cette plante soulève des doutes sur son origine ; peu répandue encore en 1825, époque à laquelle on ne lui connaissait, à Strasbourg, que la station d'Ostwald, elle s'est, paraît-il, abondamment propagée et étendue. Propre à l'enrochement, mais de réussite difficile, en raison de ses racines pivotantes ; elle a de la peine à se former en touffe et doit se plaire en terre franche substantielle et compacte.

Oxalideæ. OXALIDÉES. *Sauerkleegewächse.*

Famille souvent comprise avec les GÉRANIACÉES.

62. OXALIS ACETOSELLA, L. Oxalide oseille, Surelle, Pain de coucou, Herbe de bœuf, Alleluia, Oseille. *Gemeiner Sauerklee, Sauerklee, Kuckuksbrod.* — Petite plante tuberculeuse ; à f. à trois lobes étalés ou réfléchis, longuement pétiolées, acidules, rafraîchissantes ; à fl. blanches ou rosées ; en avril, mai. Croît très-abondamment dans les forêts des montagnes vosgiennes et jurassiques et de la plaine ; dans la forêt de Haguenau. Propre à constituer de petites pelouses, dans les parties couvertes ou non, en terre siliceuse légère.

Lineæ. LINÉES. *Leingewächse.*

63. LINUM TENUIFOLIUM, L. Lin à feuilles menues. *Dünnblättriges Lein.* — Pl. de 15 à 30 et 50 cm. ; à f. linéaires et rapprochées ; à fl. rose pâle, à veines pourprées ; en juin, juillet. Croît dans les pâturages et pelouses sèches ; commune dans la plaine, entre l'Ill et le Rhin, d'Huningue à Strasbourg, à Ostwald, Illkirch, Neuhof ; sur le lehm, à Mundolsheim ; sur les collines calcaires sous-vosgiennes et du Sundgau. Propre au parterre, au massif, en terre franche substantielle.

Hypericineæ. HYPÉRICINÉES. *Hartheugewächse.*

64. HYPERICUM PERFORATUM, L. Millepertuis perforé, ordinaire, Herbe à mille trous, Herbe de la Saint-Jean, Chasse-Diable. *Gemeines Johanniskraut, Hartheu, Jungfernkraut, Hexenkraut.* — Pl. de 30 à 80 cm. ; à f. oblongues, obtuses, plus ou moins larges ou étroites, sessiles, à points pellucides ; à fl. jaunes ; en juin, août. Très-commune dans tous les lieux incultes, les bords des champs, des chemins, dans les bois. Propre à l'enrochement, dans les parties arides, en terre quelconque plus ou moins substantielle.

65. HYPERICUM LEERSII, Gmelin. (H. QUADRANGULUM, L.). M. tétragone. *Vierflügeliges Johanniskraut.* — Pl. voisine de la

précédente; à f. plus larges, amplexicaules; à tiges florales plus hautes et plus vigoureuses; à fl. jaunes, plus grandes; en juillet, septembre. Croît très-abondamment dans les escarpements, les forêts humides et rocailleuses des hautes Vosges; abonde dans les forêts du grès des Vosges inférieures, jusqu'à Kaiserslautern; dans le bassin de la Bruche; également en plaine, à Haguenau, Strasbourg, Neudorf, vers le Rhin-Tortu, dans les forêts d'Eckbolsheim et de la Gansau; sur le grès vosgien et dans le Sundgau, le Jura. Propre aux enrochements humides, sous couvert, en toute terre.

66. Hypericum pulchrum, L. M. élégant. *Schönes Johanniskraut.* — Pl. de 30 à 60 et 90 cm.; à f. sessiles, ovales, glabres, glauques en dessous; à inflorescence en cyme, assez lâche; à fl. jaunes; en été. Croît très-communément dans tous les bois et forêts des Vosges, du Sundgau; dans la plaine, à Haguenau, Strasbourg, près Vendenheim et Reichstett, dans la Hardt et le Kastenwald. Propre à l'enrochement, en toute terre et sous couvert, dans les massifs arborescents.

Rutaceæ. Rutacées. *Rautengewächse.*

67. Dictamnus Fraxinella, Persoon. (D. albus, L.). Dictamne, Fraxinelle blanche. *Weisswurzeliger Diptam, Aeschwurz, Weisse Diptam.* — Pl. de 40 à 100 cm.; à f. ovales, simples, puis pennées, à 5 et 9 folioles lancéolées; à inflorescence en bouquet; à fl. odorantes, rose-pourpre, rarement blanches; en mai, juin. Croît sur les rocailles des collines calcaires jurassiques et sous-vosgiennes; à Sigolsheim, Ingersheim, Wintzenheim, Westhalten, Thann; rare sur l'eurite du Hohenstauffen, à 900 m. d'altitude; dans la Hardt, entre Ensisheim et Bantzenheim; au Champ-du-Feu, près Bellefosse; à Kaysersberg; sur le granit de l'Ortenberg, près de Scherwiller, du Ramstein. Propre au parterre et à l'enrochement, en terre franche préférablement; d'un effet décoratif de premier ordre.

Leguminosæ. Légumineuses. *Schmetterlingsblüthler*.

Famille très-importante, connue aussi sous le nom de Papi-
lionacées, donne au paysagiste un précieux appoint et un choix
nombreux.

68. Anthyllis vulneraria, L. Anthyllide vulnéraire. *Gemeiner Wundklee, Wundkraut, Hasenklee.* — Pl. de 10 à 30 cm.;
à f. de 3 à 7 folioles étroites; à fl. jaunes; en avril, juin. Très-
commune dans toutes les prairies sèches, les pâturages, sur les
collines, les montagnes et en plaine. Propre au parterre, dans
les parties arides, en bonne terre franche.

69. Lotus corniculatus, L. Lotier corniculé. *Gemeiner
Hornklee.* — Pl. de 10 à 60 cm.; à f. trifoliolées; à fl. en ombellule, jaunes, ordinairement rougeâtres avant l'épanouissement; en été. Commune dans les prés, pâturages, champs,
partout. Propre au parterre et à l'enrochement, en toute terre.

70. Lotus uliginosus, Schkuhr. (L. corniculatus uliginosus). L. des marais. *Sumpf-Hornklee.* — Pl. de 60 à
80 cm.; à f. trifoliolées; à inflorescence en ombellule de 6 à
15 fl. rougeâtres, passant au jaune; en juin, juillet. Extrêmement commune dans les prairies humides et marécageuses des
vallées des Vosges et du Sundgau; à Strasbourg. Propre au
parterre et à l'enrochement, en terre franche substantielle, dans
les endroits humides.

71. Medicago falcata, L. Luzerne jaune, sauvage. *Gelber
Sichelklee.* — Pl. de 30 à 80 cm.; à f. trifoliolées, ovales, lancéolées; à fl. jaunes; en été. Très-commune dans les prés,
pâturages, bords des chemins, gazons, lieux vagues, etc. Propre
à l'enrochement, en toute terre, à exposition chaude et endroit
aride, au besoin.

La variété M. falcato-sativa, à fl. variant du jaune au bleu
violacé, hybride de la précédente et de la luzerne cultivée, est
plus ornementale.

72. Trifolium rubens, L. Trèfle rouge. *Rother Klee, Fuchs-
Klee.* — Pl. de 30 à 50 cm.; à f. raides, oblongues, finement
dentées; à inflorescence en capitule allongé en épi dense; à fl.

purpurines, rarement blanches ; en juin, juillet. Croît dans les bois gramineux du diluvium caillouteux ello-rhénan, de Bâle à Strasbourg, Gansau, Neuhof, Illkirch, Ostwald, Hardt ; sur les collines calcaires sous-vosgiennes, à Sigolsheim, Ingersheim ; dans le Sundgau. Propre au parterre et à l'enrochement, en plein soleil et terre franche ou calcaire plus ou moins graveleuse.

73. TRIFOLIUM MEDIUM, L. T. intermédiaire. *Mittlerer Klee.* — Pl. à rameaux souterrains longuement traçants ; à folioles pâles, oblongues, presque glaucescentes en-dessous ; à fl. rose pourpre, plus ou moins satinées, rarement blanches ; en été. Très-commune dans les bois gramineux ello-rhénans, à Strasbourg, Ostwald, Gansau, Neuhof, Illkirch ; sur les collines calcaires des Vosges et du Sundgau ; sur les montagnes granitiques et aréna-cées. Propre au parterre et à l'enrochement, en terre franche, en gazon, sur les talus arides.

74. TRIFOLIUM MONTANUM, L. T. de montagne, T. blanc. *Weisser Berg-Klee.* — Pl. de 15 à 50 cm. ; à racines fortes et profondes ; à folioles ovales, denticulées ; à fl. dressées, blanches, infléchies et passant au jaune brunâtre après floraison ; en juin, juillet. Croît dans les prairies sèches ou un peu humides, dans tout le Ried de la région ello-rhénane, dans tous les prés, dans presque toutes les vallées des Vosges, dans le Sundgau ; à Stras-bourg, Bischwiller, Haguenau. Propre particulièrement aux pelouses, en terre quelconque.

75. TRIFOLIUM ELEGANS, Savi. T. élégant. *Zierklee.* — Pl. de 30 à 60 cm. ; à folioles obovées, dentelées en scie très-aiguë ; à fl. roses ou blanchâtres, passant au brun ; en été. Commune sur le bord des chemins et des fossés, dans les lieux gramineux et les prés humides ; sur les collines argileuses ; dans les vallées de la Bruche, à Bitche, Sarrebourg, Thann ; dans le Sundgau ; à Colmar, Ribeauvillé, Guémar, Schlestadt, Scher-willer, Dambach, Benfeld, Strasbourg. Propre au gazon et à l'enrochement, en terre franche substantielle.

76. TRIFOLIUM REPENS, L. T. rampant, T. de Hollande, T. blanc rampant, Triolet, Trifolet, Trainelle. *Kriechender Klee, Bienenklee, Weisser Kriechender Wiesenklee, Weisse*

Fleischblume. — Pl. rampante; à folioles obcordées, denticulées en scie; à fl. blanches ou à teinte rosée; en été. Extrêmement commune partout, dans les prairies. Propre surtout au gazon, en terre substantielle quelconque.

77. ASTRAGALUS GLYCYPHYLLOS, L. Astragale réglisse, Réglisse bâtarde, R. sauvage. *Süssholzblättriger Traganth, Wildes Süssholz, Stein-Wicken, Wolfsschoten, Wilder Bockshorn.* — Pl. de 100 à 150 cm.; étalée à terre; à f. de 11 à 13 folioles ovales; à fl. jaune pâle; en juin, août. Assez commune presque partout, dans les prés, pâturages, bois gramineux de la plaine, du Sundgau et des vallées des Vosges. Propre à l'enrochement, en terre quelconque.

78. CORONILLA VARIA, L. Coronille bigarée, variée, Faucille. *Bunte Kronenwicke, Kleiner Peltschen, Vogelwick.* — Pl. de 30 à 100 et 150 cm.; très-rameuse, couchée; à f. de 13 à 17 folioles obovées; à inflorescence en ombelle de 20 à 40 fl. roses, à ailes purpurines au sommet, quelquefois entièrement blanches; en été. Très-commune dans les lieux vagues, les prés secs, les bois gramineux de la plaine et des vallées, dans la région montueuse inférieure; assez commune aussi dans le Sundgau; à Ostwald. Propre au parterre et à l'enrochement, à exposition quelconque et en tout sol.

79. HIPPOCREPIS COMOSA, L. Hippocrépide en ombelle, Fer-à-cheval à chevelure. *Schopfiger Hufeisenklee, Pferdehuf, Steinwicken, Pferdehufeisen.* — Pl. de 30 cm.; à tiges couchées, rameuses; à f. de 13 à 19 folioles obovées; à ombelle de 8 à 12 fl. jaunes; en avril, mai. Très-commune dans les pelouses gramineuses, les prairies sèches, les collines calcaires; les fentes des murs de Strasbourg; préférant les sols calcaires, mais paraissant aussi sur les sols granitiques et euritiques compactes. Propre à l'enrochement, en terre calcaire ou siliceuse et avant tout en lieu sec.

80. LATHYRUS TUBEROSUS, L. Gesse tubéreuse, Gland de terre, Macuson, Anotte. *Knollige Platterbse, Erdnuss, Erdmauss, Erdeichel, Kribelnuss, Erdgribling, Saumandeln.* — Pl. de 30 à 100 cm.; à rhizomes tuberculeux; à deux folioles lancéolées

et mucronées ; à pédoncule portant 5 à 6 fl. d'un beau rouge cramoisi ; en été. Très-commune parmi les moissons. Propre au parterre et à l'enrochement, en terre franche ; peut au besoin servir à garnir la base des troncs d'arbres isolés dans les pelouses.

81. LATHYRUS PRATENSIS, L. G. des prés. *Wiesen-Platterbse, Gelbe Mattenwicken.* — Pl. grimpante, de 30 à 100 cm. ; à deux folioles elliptiques ; à pédoncule surmonté de 6 à 10 fl. jaunes ; en juin, juillet. Très-commune dans toutes les prairies, les haies, etc. Propre à l'enrochement et se prête à toutes les dispositions des plantes grimpantes de peu de développement, en terre substantielle.

82. LATHYRUS SYLVESTRIS, L. G. des bois, G. sauvage. *Wald-Platterbse, Wilde Platterbse.* — Pl. grimpante, de 100 à 200 cm. ; à deux folioles lancéolées ; à pédoncule garni de 6 à 10 fleurs roses ou roux-pâle, à carène pourpre au sommet ; en été. Assez commune dans les bois, les lieux vagues et rocailleux de la plaine et des vallées. Propre au rôle des plantes grimpantes, dans les parties plus ou moins couvertes et en bonne terre quelconque.

83. LATHYRUS PALUSTRIS, L. G. des marais. *Sumpf-Platterbse.* — Pl. de 30 à 100 cm. ; à tige ascendante ; à f. de 4 à 6 folioles lancéolées, d'un vert foncé ; à pédoncule orné de 3 à 8 fl. pourpre bleuâtre ; à gousses noires ; en été. Assez commune dans les prés bas, humides et marécageux de la région rhénane et ello-rhénane ; rare dans le Sundgau ; à Bofzheim, Strasbourg, Lingolsheim, Ostwald, Plobsheim. Propre à remplacer les espèces précédentes, dans les parties humides, en terre quelconque ou franche.

84. OROBUS TUBEROSUS, L. Orobe tubéreux, Orobe. *Knollige Waldwicke, Knollwurzel.*—Pl. de 20 à 30 cm. ; à rhizomes tuberculeux ; à f. munies de 4 folioles lancéolées, glauques et mates en-dessous ; à inflorescence en grappe de 3 à 7 fl. purpurines, bleuâtres, rarement blanches ou lilacines ; en avril, mai. Très-commune dans les bois et les forêts des Vosges granitiques arénacées, dans le gneiss, la diorite, le muschelkalk, le calcaire jurassique ; dans la Hardt, la plaine de Haguenau. Propre au

parterre et à l'enrochement, sous couvert et en terre siliceuse ou franche.

85. Orobus niger, L. Orobe noir. *Schwarze Waldwicke.* — Pl. de 50 à 80 cm. ; à tiges dressées ; à f. de 8 à 10 folioles ovales, glauques et mates en-dessus ; à inflorescence de 5 à 12 fl. violacées ou bleuâtres ; en mai, juin ; présentant la particularité de noircir par la dessication. Assez commune dans les bois des Vosges inférieures granitiques et arénacées, sur le calcaire et en plaine ; abonde dans le calcaire du Sundgau ; à Cernay, Thann, Guebwiller, Munster, Ribeauvillé, Andlau, Barr, Wasselonne, vallée de la Bruche, Wissembourg. Propre aux massifs arborescents couverts et en terre franche.

86. Vicia pisiformis, L. Vesce à feuilles de pois. *Erbsenartige Wicke.* — Pl. grimpante, de 30 à 200 cm. ; à f. à 8 et 10 folioles ovales, très-veinées ; à pédoncule chargé de 10 à 20 fl. jaune pâle ; en été. Assez rare ; croît parmi les buissons, les haies, les bois, dans la Hardt, le Kastenwald ; sur les collines calcaires ; à Barr, dans la vallée de Soultzbach, de l'Amethal, à Ribeauvillé, Andlau, Wasselonne, Rouffach, Cernay, Thann, Ferrette, Wangen, Oberhergheim. Propre à tout emplacement qui se prête aux plantes volubiles ou grimpantes, un peu à toute exposition et en terre quelconque ou franche.

87. Vicia dumetorum, L. V. des buissons. *Hecken-Wicke.* — Pl. de 100 à 200 cm., presque grimpante ; à f. munies de vrilles, à 8 ou 10 folioles assez grandes ; à pédoncule couronné de 6 à 12 fl. purpurines, pâlissant après l'épanouissement ; en mai, juillet. Croît dans les bois, forêts et haies des vallées ; à Munster, Ribeauvillé ; en plaine, à Huningue, dans la Hardt, le Kastenwald, à Oberhergheim. Propre à l'enrochement et au rôle de plante grimpante, sous demi-couvert, en terre franche et aux endroits relativement secs.

88. Vicia Cracca, L. V. cracca, V. en épi. *Vogel-Wicke, Kracke.* — Pl. décombante et grimpante, de 60 à 100 et 120 cm. ; à f. formées de 16 à 24 folioles assez petites, soyeuses en-dessous ; à vrilles rameuses ; à pédoncule muni de 15 à 30 fl. en grappe, de couleur bleue ; en juin, août. Très-commune partout,

dans les prés, haies, bords des bois et des rivières. Propre à orner les enrochements, dans les parties surplombantes ou à servir de plante grimpante, en toute terre un peu substantielle.

89. VICIA TENUIFOLIA, Roth. V. à feuilles menues. *Schmal-blättrige Wicke.* — Pl. voisine du V. CRACCA, mais généralement plus vigoureuse et plus raide ; à fl. bleues ; en mai, juin. Abonde dans les bois et forêts des collines calcaires et des vallées granitiques et euritiques ; à Ingersheim, à Dorlisheim, à Barr, au Dreispitz. Propre au même rôle que les autres Vesces et en terre franche ou siliceuse indifféremment.

Rosaceæ. ROSACÉES. *Rosengewächse.*

Cette famille ne laisse rien à désirer quant au nombre et à la qualité des espèces ornementales.

90. SPIRÆA ARUNCUS, L. Spirée barbe de chèvre, de bouc. *Spierstaude, Federbusch, Geis- Bocks- Wald-Bart.* — Pl. de 100 à 200 cm. ; à f. pennées ; à folioles ovales inégalement dentées ; à fl. blanches, en vaste panicule ; en juin, juillet. Croît dans les prairies ombragées, les forêts humides, les rocailles des escarpements des Vosges et du Jura ; commune dans toutes les vallées des Vosges supérieures, dans toute la vallée de Munster, surtout derrière Soultzbach, vers Wasserbourg ; rare sur le massif du Champ-du-Feu ; sur le grès vosgien, depuis la Petite-Pierre jusqu'à Wissembourg ; dans la Hardt, près d'Ottmarsheim. Propre au parterre, à l'enrochement, aux abords des eaux, en terre siliceuse et à ciel ouvert.

91. SPIRÆA ULMARIA, L. S. ulmaire, Reine des prés, Pied de bouc, Ormière. *Wiesenspierstaude, Wiesenkönigin, Mädesüss, Mädelsüss, Hergottsbärtle, Krampfkraut.* — Pl. de 60 à 200 cm. ; à f. à folioles ovales, grandes et petites ; à fl. tomenteuses, blanches ou grisâtres, cendrées, en panicule corymboïde ; en juillet, août. Commune partout ; dans les prairies humides, les haies, les buissons, les bords des bois et des ruisseaux, les forêts rocailleuses et marécageuses, jusque dans les escarpements des hautes Vosges. Propre au parterre aussi bien qu'à

l'enrochement, en toute terre et s'accommode d'un demi-couvert.

92. Spiræa filipendula, L. S. filipendule. *Knollige Spier-staude, Haarstrang, Rother Steinbrech, Filipendel.* — Pl. de 30 à 100 cm.; à f. à folioles oblongues; à fl. blanches, nuancées de pourpre rose, en panicule corymboïde ; en mai, juin. Croît dans les prairies sèches et boisées de la région rhénane ; commune à Colmar, Benfeld, Neuhof, Illkirch, Ostwald, Strasbourg ; dans les vallées de Barr, de Munster, de Villé, de Wasselonne ; dans le Sundgau. Propre au parterre, à l'enrochement, en terre franche ou siliceuse et sous demi-couvert.

93. Geum urbanum, L. Benoîte commune, B. des villes, Herbe de Saint Benoît. *Gemeine Nelkenwurz, Benediktenkraut, Gemeine Benedikten-Nägelwurz.* — Pl. de 30 à 60 cm. ; à f. inférieures en lyre; à fl. jaunes ; en été. Très commune dans les haies, les buissons, les bois, les lieux vagues, près des habitations. Propre à l'enrochement, en terre quelconque.

94. Geum rivale, L. B. aquatique, B. des ruisseaux, D'chotte de sang ou Guied Chotte (herbe de cœur du Ban de la Roche). *Bach-Nelkenwurz, Wasserbenediktenwurz.* — Pl. de 10 à 30 cm.; à f. de la précédente; à fl. assez grandes, rouge fauve; en avril, juin. Croît dans les prés humides, aux bords des sources, des ruisseaux et des torrents des Vosges ; assez commune dans les vallées des Vosges supérieures ; au Champ-du-Feu, à Ribeauvillé, au bois de Saint-Morand. Propre au parterre, à l'enrochement, au bord des œuvres d'eau, en terre siliceuse.

95. Potentilla alba, L. Potentille blanche. *Weisses Finger-kraut.* — Pl. en touffe très dense, de 6 à 20 cm.; à f. à cinq folioles sessiles, plus ou moins lancéolées, recouvertes en dessous d'un duvet soyeux très mou ; à fl. blanches; en avril, mai. Croît dans les pelouses graminées ombragées du Kastenwald, entre Appenwihr et Hettenschlag; dans la Hardt, entre Bantzenheim et Ensisheim. Propre au parterre et précieuse pour le couvert, en terre franche.

96. Potentilla verna, L. P. printanière. *Frühlings-Finger-kraut.* — Petite pl. couchée, de 15 cm. ; à f. à 5 et 7 folioles

oblongues, profondément dentées, vertes et pileuses sur les deux faces ; à fl. jaunes ; en mars, avril, souvent encore en été. Très commune partout, dans les pelouses, les prés secs, sur les murs, les rochers, les collines. Propre au gazonnement des petites surfaces arides, dans les enrochements, en premier plan et en terre calcaire ou siliceuse.

97. Potentilla cinerea, Chaix. (P. verna var. cinerea). P. cendrée. *Aschiges Fingerkraut.* — Petite pl. de 15 cm. ; se distinguant de la précédente par ses f. couvertes, sur les deux faces, d'un duvet court, mou, grisâtre, de poils étoilés. Très abondante sur les collines calcaires jurassiques et sous-vosgiennes ; à Ingersheim, dans les pelouses de la Hardt et au Kastenwald ; à Strasbourg, sur les fortifications de la citadelle, dans les bois de Neuhof et de la Gansau. Propre à l'enrochement, en premier plan et endroit sec, de préférence en terre calcaire.

98. Potentilla opaca, L. (P. verna var. opaca). P. opaque. *Undurchsichtiges Fingerkraut.* — Petite plante de 15 cm. ; à f. à 7 folioles allongées et garnies, ainsi que toute la plante, de poils très fins et très longs ; à fl. jaunes, assez petites ; en avril, mai. Croît sur les collines calcaires sous-vosgiennes et du Sundgau ; sur le Bollenberg, entre Guebwiller et Rouffach, à Westhalten, Wintzenheim, Ingersheim, le Tannenwald près de Mulhouse, dans les pelouses de la Hardt et du Kastenwald. Propre à l'enrochement, en lieux secs et terre calcaire.

99. Potentilla crocea, Lehmann. P. safranée. *Safranfarbiges Fingerkraut.* — Pl. de 30 à 40 cm. ; à f. plus grandes que les précédentes ; à tiges florales plus longues et plus dressées, plus vigoureuses ; à fl. jaunes, plus grandes, à tache safranée vers la base ; en mai, juin. Croît sur les pâturages et rocailles des hautes Vosges ; sur le Ballon de Guebwiller, les escarpements du Hohneck, le vallon du Wormspel. Propre à l'enrochement, en lieux secs et en terre de bruyère.

100. Potentilla argentea, L. P. argentée. *Silberfarbenes Fingerkraut.* — Pl. de 20 à 40 cm. ; à f. de 5 et 7 folioles obovées, crénelées, à bords révolutés, à face inférieure tomenteuse, blanche, grisâtre, mollement pubescente ou velue, à face supé-

rieure vert luisant ou grisâtre ou blanche ; à fl. jaune citron, assez petites ; en été. Très commune sur les bords des chemins, dans les lieux vagues et caillouteux de la plaine, des collines et des montagnes inférieures, rocailleuses ou rocheuses ; peu commune à Haguenau et dans le grès vosgien. Propre aux enrochements, dans les endroits brûlés par le soleil et en terre franche.

101. POTENTILLA CANESCENS, Besser. P. blanchâtre. *Graues Fingerkraut.* — Pl. de 40 à 60 cm. ; intermédiaire entre la P. ARGENTEA et la P. RECTA ; à tiges purpurescentes ; à f. à 5 et 7 folioles lancéolées, couvertes d'un duvet gris ; à fl. jaune citron ; en juin, août. Abonde aux environs de Colmar, Ribeauvillé, Schlestadt, le long des routes et des chemins ; assez commune près de Strasbourg, à Ostwald, Neuhof, sur les bords du canal du Rhône-au-Rhin, dans les lieux caillouteux, à Obernai. Propre à l'enrochement ou au parterre, en terre franche.

102. POTENTILLA RECTA, L. P. dressée. *Aufrechtes Fingerkraut.* — Pl. de 30 à 80 cm. ; à tiges garnies de poils assez raides ; à f. à 7 folioles lancéolées, à 8 et 10 dents profondes ; à inflorescence en cyme ; à fl. relativement très grandes, jaune soufre assez pâle ; en été. Assez commune depuis Guebwiller à Dambach, Rouffach, Herrlisheim, Turckheim, Wihr-au-Val, Kaysersberg, Riquewihr, Ribeauvillé, Kientzheim, à l'Ortenberg, au Ramstein. Propre au parterre et à l'enrochement, en terre franche.

103. POTENTILLA OBSCURA, Willd. P. obscure. *Dunkles Fingerkraut.* — Pl. de 60 à 80 cm. voisine de la P. RECTA ; à tiges plus épaisses ; à f. grandes, à cinq folioles de 7 à 8 sur 2 à 3 cm., vert foncé ; à fl. jaune citron ; en été. Croît sur les bords et dans les fossés ; à Colmar, Ribeauvillé, Ostheim, Bergheim, au Hagenbühl, derrière le château et le village de Kientzheim, en allant au Königsbourg. Propre au parterre et à l'enrochement, en terre franche.

104. POTENTILLA RUPESTRIS, L. P. des rochers. *Felsen-Fingerkraut, Fingerhut.* — Pl. de 15 à 30 et parfois 70 cm. ; à f. à folioles ovales, dentées ; à inflorescence en cyme ; à fl. blanches ; en mai, juin. Très abondante dans les pâturages ombragés de la Hardt et du Kastenwald, d'Huningue à Andolsheim, entre Rique-

wihr et Hunawihr, sur le grès vosgien, derrière Wettolsheim, sur le Hohlandsberg. Propre aux enrochements, en terre siliceuse plus ou moins graveleuse.

105. Potentilla comarum, Nestler. (Comarum palustre, L.). Comaret des marais, Quintefeuille rouge des marais. *Sumpf-Blutauge, Rothes Sumpf-Fünffinger, Siebenfinger-Kraut.* — Pl. palustre, de 30 à 50 cm. ; à longs rhizomes ; à f. à folioles oblongues, dentées, à face inférieure pâle, grisâtre ; à fl. assez grandes, pourpre foncé ; en été. Croît dans tous les marais tourbeux des Vosges granitiques et arénacées ; en plaine, à Haguenau, Wissembourg ; dans le Sundgau, le Jura. Propre aux pièces d'eau à fond vaseux.

106. Agrimonia Eupatorium, L. Aigremoine eupatoire, A. ordinaire, Herbe de Saint-Guillaume, Soubeirette. *Gemeiner Odermennig, Ackermennig, Heil aller Welt.* — Pl. de 30, 60 à 100 cm. ; à f. à 7 et 11 folioles ovales, profondément dentées, vertes en dessus, grisâtres en dessous ; à fl. jaune doré, en épi de 15 à 25 cm. ; en été. Très commune partout, le long des chemins, des routes, dans les pâturages, le long des haies. Propre au parterre, en terre franche.

107. Agrimonia odorata, Tft. et Lindern. A. odorante. *Riechender Odermennig.* — Pl. plus vigoureuse que la précédente, de 120 à 130 cm. ; à f. inférieures de 20 à 30 cm. velues, chargées de glandes résinifères, à odeur très forte de fraise ou de pomme Borsdorf ; à fl. jaune doré ; en été. Assez répandue sur le bord des routes, aux environs de Ribeauvillé, d'Ostheim, de Bergheim, à Munster, Wasselonne, au Wædel et à la Schantz, aux environs de Bitsche, à Wissembourg, près de Strasbourg, dans l'île des Épis. Propre au parterre, en bon terreau.

108. Sanguisorba officinalis, L. Sanguisorbe officinale, Pimprenelle des prés. *Gemeiner Wiesenknopf, Blutkraut, Wiesenbiebernell.* (V. aussi fam. des Sanguisorbées). — Pl. de 30 à 80 cm. ; à f. ailées, de 20 à 30 cm., à 11 et 15 folioles en cœur, dentées, pétiolulées, stipellées ; à fl. sans corolle ; en juillet, septembre. Très abondante dans les prairies de la région rhénane et des vallées, jusqu'à 1300 m. d'altitude ; commune dans

le Sundgau. Propre à l'enrochement, en terre quelconque substantielle et à toute exposition.

109. POTERIUM SANGUISORBA, L. (SANGUISORBA MINOR, Scop.).
Pimprenelle sanguisorbe, P. des jardins, Petite pimprenelle.
*Kleiner Wiesenknopf, Welsches Garten-Biebernell, Herrgotts-
bärtlein, Sperbenkraut.* (V. aussi fam. des Sanguisorbées). — Pl.
de 30 à 60 cm. ; à f. de 17 à 21 folioles ovales et pétiolulées,
vertes ou glaucescentes, dentées ; à fl. sans corolle, à capitules
ovoïdes, vert pourpre ; en avril, juillet. Très commune partout,
dans les prairies, les pelouses, etc. Propre à l'enrochement, en
terre franche ou en terreau, à toute exposition.

110. ALCHEMILLA VULGARIS, L. Alchémille commune, Pied de
lion commun, Patte de lapin, Mantelet des dames. *Gemeiner
Frauenmantel, Sinau, Frauenmäntele, Löwenfuss, Marien-
mantel.* (V. aussi fam. des Alchémillacées). — Pl. de 15 cm. ; à
f. réniformes, à 7 et 11 lobes ; à fl. jaune verdâtre ; en mai,
juillet. Très commune dans toutes les prairies des Vosges inférieures et supérieures ; assez rare dans la plaine rhénane ; assez
commune dans le Sundgau, le Jura. Propre au parterre comme
à l'enrochement, en terre substantielle quelconque.

111. ALCHEMILLA ALPINA, L. A. des Alpes. *Alpen-Frauen-
mantel.* (V. aussi fam. des Alchémillacées). — Pl. à f. digitées, à
7 et 9 folioles oblongues, dentées, à face supérieure verte, glabre
et à face inférieure blanche, argentée de poils soyeux ; à fl.
jaunes ; en juin, juillet. Rare dans les hautes Vosges ; au Rotabac,
dans les escarpements septentrionaux ; très rare au Hohneck ;
assez commune au Rossberg, dans la région alpestre, à 1300 m.
d'altitude. Propre à l'enrochement, en terre de bruyère, à bonne
exposition bien aérée.

Onagrariæ. ONAGRARIÉES (OENOTHICÉES). *Nachtkerzengewächse.*

112. EPILOBIUM GESNERI, Villars. (E. SPICATUM, Lam. — E.
ANGUSTIFOLIUM, L.). Épilobe à épis, Nériette, Herbe de Saint-
Antoine, Antonine. *Schmalblättriges Weidenröschen, Feuer-

kraut, Federlekraut. — Pl. traçante, de 60 à 180 cm. ; à f. lancéolées, denticulées sur les bords ; à belle inflorescence en longue grappe ; à fl. purpurines, rarement blanches ; en juin, août. Extrêmement abondante dans les forêts, bois, clairières, souvent en plaine ; près de Strasbourg, sur les vieux murs ; assez commune dans la forêt de Haguenau. Propre au parterre et surtout à l'enrochement, en terre substantielle légère.

113. EPILOBIUM HIRSUTUM, L. Épilobe hérissé. *Rauhaariges Weidenröschen.* — Pl. de 100 à 160 cm. ; à f. sessiles, lancéolées, velues ; à fl. rose pourpre ; en été. Croît le long des fossés, des haies, dans les buissons humides, presque partout. Propre à l'enrochement humide et le long des eaux, en terre franche.

Haloragex. HALORAGÉES. *Nachtkerzengewächse.*

114. HIPPURIS VULGARIS, L. Pesse commune, Pesse d'eau. *Gemeiner Tannenwedel.* (V. aussi fam. des Hippuricacées ou des Onagrariées). — Pl. de 15, 30 à 150 cm. ; à f. verticillées ; à fl. vertes, en épi, hors de l'eau ; en été. Très abondante dans les fossés aquatiques, les rivières à cours lent, de Bâle à Lauterbourg, surtout dans les canaux dérivés du Rhin ; très commune aux environs de Strasbourg, de la Wantzenau. Propre aux pièces d'eau, en terre graveleuse.

Lythrariex. LYTHRARIÉES. *Weiderichgewächse.*

115. LYTHRUM SALICARIA, L. Salicaire commune, ordinaire, Salicaire. *Gemeiner Weiderich, Grossweiderich, Rother Aehrenweiderich.* — Pl. de 60 à 100 cm. ; à f. opposées, lancéolées, à inflorescence en épi de 20 à 40 fl. purpurines ou violacées ; en juillet, septembre. Très commune le long des fossés, dans les prairies humides, sur les bords des rivières. Propre aux alentours des pièces d'eau, dans lesquelles elle peut immerger.

Portulacex. PORTULACÉES. *Portulakgewächse.*

116. MONTIA FONTANA, L. Montie des fontaines. *Gemeines Quellenkraut, Wassermiere.* — Pl. de 10 à 30 cm. ; en touffe

immergée ou fluitante ; à f. émergées vertes, opposées, sessiles, oblongues, un peu charnues ; à fl. blanches ; en mai, septembre. Très commune dans les ruisseaux à lit rocailleux des Vosges granitiques et arénacées, dans la plaine de Haguenau. Propre aux parties aquatiques, sur fond siliceux et graveleux.

Paronychieæ. PARONYQUIÉES. *Nagelkrautgewächse.*

117. SCLERANTHUS PERENNIS, L. Gnavelle vivace. *Ausdauernder Knaul.* — Pl. de 4 cm. ; à rameaux couchés ; à f. vert blanchâtre, un peu charnues ; à fl. blanches ; en été. Très commune dans les champs arides, sablonneux, dans les fentes des rochers granitiques et arénacés, dans les bruyères, à Haguenau. Propre à l'enrochement sec.

Crassulaceæ. CRASSULACÉES. *Dickblättrige Gewächse.*

C'est dans cette famille que nous trouvons les plus précieux auxiliaires pour l'animation des parties brûlantes, sèches, arides. Se multipliant facilement, s'accommodant de presque toutes les terres, le genre SEDUM, le plus important, se prête admirablement à la culture en pelouse et présente ainsi un tapis de verdure qui ne laisse rien à envier aux gazons de graminées.

118. RHODIOLA ROSEA, L. Rhodiole à odeur de rose. *Rosenwurz.* — Pl. de 15 à 30 cm. ; à racines épaisses, à odeur de rose ; à f. nombreuses, planes, oblongues, lisses, dentées vers le sommet ; à fl. à étamines jaunes ; en mai, juin. Croît assez abondamment dans les escarpements sud-est du Hohneck, au-dessus du chaume dit Wormspel, au Krappenfelsen et aux Spitzköpfe, sur des rochers inaccesibles. Propre à l'enrochement, en terre de bruyère.

119. SEDUM TELEPHIUM, L. Sedum reprise, Grassette, Grassel, Orpin, Herbe à la coupure, Orpin reprise, Fève épaisse. *Knollige Fetthenne, Fetthenne, Feistwundkraut, Knabenkraut, Schmerwurz.* — Pl. de 30 à 40 cm. ; à f. ovales, à base plus ou moins élargie, vertes ou glauques ; à fl. bleue jaunâtre ou verdâtres ou légèrement roses ou purpurines ; en juillet, août,

septembre; varie de forme. La variété à f. larges est assez commune dans les vallées des Vosges, à Munster, Saint-Amarin; dans la plaine, à Strasbourg, dans les bois d'Illkirch, à Holzheim. La variété à fl. pourpres et f. vertes est très commune dans les vallées des Vosges et dans la plaine, sur les murs, les rocailles, dans les champs, les vignes; au bord de la Fecht, à Ingersheim. La variété à f. glaucescentes croît sur les rocailles du Hohneck et dans toutes les montagnes de la vallée de Munster, même dans les régions inférieures. Propre à l'enrochement, en terre de bruyère ou franche, siliceuse ou calcaire, aux endroits brûlés et se prête au massif gazonnant.

120 SEDUM ACRE, L. S. âcre, Poivre des murailles, Orpin brûlant. *Scharfer Mauerpfeffer, scharfe gelbe Katzenträubele.* — Pl. de 2 à 6 cm.; à f. ovoïdes, très charnues, sessiles, à saveur âcre; à fl. jaunes; en juin et commencement de juillet. Commune partout, ainsi que sa variété anguleuse, dans les lieux secs, arides, vagues, sur les murs, les rochers. Propre au gazon, à l'enrochement, en terre quelconque et emplacements arides, les seuls à lui réserver.

121. SEDUM INSIPIDUM, C. Bauh. S., Orpin insipide. *Geruchloser Mauerpfeffer.* — Pl. de 2 à 6 cm.; différant de la précédente par ses f. étroites, cylindriques; à fl. jaunes; en juillet. Croît dans les mêmes localités que le S. ACRE et très commune dans les lieux vagues, incultes. Propre au gazon et à l'enrochement, comme la précédente.

122. SEDUM REFLEXUM, L. S. réfléchi, Triquemadame. *Zurückgekrümmter Mauerpfeffer, kleine gelbe Hauswurz.* — Pl. de 2 à 4 cm.; à f. cylindriques, étroites, prolongées en éperon; à fl. jaunes; en juillet, août. Très commune, tant en plaine que dans les montagnes, dans les lieux vagues, sur les murs, dans les bruyères, sur les côtes rocailleuses, les pâturages pierreux, les rochers, les bois de chêne, etc. Propre à l'enrochement, en toute terre et exposition aride.

123. SEDUM RUPESTRE, L. S. des rochers. *Felsen-Mauerpfeffer.* — Pl. de 2 à 4 cm.; à f. glauques; à fl. jaunes; en juillet, août. Très commune dans les Vosges. Propre aux enrochements arides.

124. Sedum album, L. S. blanc, Trique madame, Orpin blanc, Trique blanche vermiculaire, Orpin blanc des toits. *Weisser Mauerpfeffer, Weisse Mauerkatzenträubele.* — Pl. de 8 à 15 cm.; à f. cylindriques; à fl. blanches ou roses extérieurement; en été. Extrêmement commune partout, sur les toits, les vieux murs, les champs arides et sablonneux. Propre à l'enrochement, en lieux arides.

125. Sedum dasyphyllum, L. S. à feuilles épaisses. *Bereifter Mauerpfeffer.* — Pl. de 4 à 8 cm.; à f. glauques, très épaisses; à fl. blanches, à dos pourpre ou rose; en juin, juillet. Rare dans les Vosges; dans les vallées de Saint-Amarin et de Massevaux, au col de Bussang, dans les ruines du château de Wildenstein, dans les fentes des rochers, au-dessus du Sternensee. Propre à l'enrochement, en terre de bruyère et endroit sec.

126. Sempervivum tectorum, L. Joubarde des toits. *Gemeine Hauswurz, Grosse Hauswurz, Hauslaub, Donderbart.* — Pl. de 30 cm.; à f. planes, imbriquées en rosette, très charnues; à fl. roses; en juillet. Très communément subspontanée sur les toits et les murs, dans tous les villages; sauvage dans les rocailles du Landsberg, de l'Ortenberg; à Munster, au Nonnenstein; à Ribeauvillé, près Saint-Ulrich; aux ruines de Reichenstein, derrière Oberbergheim; à Massevaux; à Barr, près de la maison forestière, sur les rochers et bruyères. Propre à l'enrochement sec.

Saxifrageae. Saxifragées. *Steinbrechgewächse.*

127. Saxifraga Aizoon, Jacquin. Saxifrage Aizon. *Traubenblüthiger Steinbrech.* — Pl. de 15 à 20 quelquefois jusqu'à 40 cm.; à f. oblongues, denticulées; à inflorescence en cime; à fl. blanches, ponctuées de pourpre; en mai, juillet. Assez commune dans les rochers et rocailles des Vosges du Haut-Rhin; au Rossberg, au ballon de Guebwiller, au Hohneck, au Falkenstein, au Ballon de Giromagny, dans les ruines de Wildenstein, au Herrenfluch, au Freundstein. Propre à l'enrochement, en terre de bruyère, dans les endroits secs.

128. Saxifraga caespitosa, L. (S. muscoides, Wulf.). S. mousse. *Rasenförmiger Steinbrech.* — Pl. de 6 à 20 cm. ; à f. cunéiformes, à 3 et 5 lobes ciliés de poils blancs ; à fl. blanches, légèrement jaunâtres ; en mai, juillet. Croît sur les rocailles ombragées ; sur l'eurite porphyroïde, au Hartmannsweilerkopf, au Herrenfluch, au Freundstein ; au Rossberg, près du Châlet ; abonde sur les rochers, près du ruisseau, dans le vallon de Lispach. Propre à l'enrochement humide, en terre de bruyère.

129. Saxifraga granulata, L. S. granulée, S. blanche. *Körniger Steinbrech, Weisser St., Hoher St.* — Pl. de 15 à 30 cm. ; à f. serrées, orbiculées, profondément crénelées ; à fl. blanches ; en avril, mai. Croît dans les pâturages, les pelouses, les prés, les bois gramineux ; très commune, tant en plaine que dans les vallées. Propre à l'enrochement et au parterre, en toute terre.

130. Saxifraga stellaris, L. S. étoilée. *Sternblumiger Steinbrech.* — Pl. de 6 à 15 cm. ; à f. planes, dentées, ciliées ; à fl. blanches, tachetées de points jaunes au milieu ; en mai, octobre. Croît sur les bords des ruisseaux et des sources, sur les rochers humides des hautes Vosges ; rare au Champ-du-Feu. Propre à l'enrochement, en terre de bruyère, dans les endroits humides et à ciel découvert.

131. Chrysosplenium alternifolium, L. Dorine à feuilles alternes, Cresson doré, C. de Phalsbourg. *Wechselblättrige Goldmilz, Guldenkraut, Leberk., Milzk., Guldenkresse, Goldniere.* — Pl. de 2 à 15 cm. ; à f. orbiculaires, alternes ; à fl. jaunâtres ; en avril, mai. Très commune dans les Vosges ; en plaine, dans les forêts de hêtre, entre Hatten et Kauffenheim, à Hagenau. Propre aux enrochements humides, en terreau ou en terre de bruyère et sous demi-couvert.

132. Chrysosplenium oppositifolium, L. D. à feuilles opposées. *Gegenblättrige Goldmilz.* — Pl. de 8 à 10 cm. ; à f. orbiculaires, opposées ; à fl. jaunâtres ; en avril, mai. Moins commune que l'espèce précédente, croît dans les Vosges moyennes ; plus commune dans les hautes Vosges, au Hohneck, le long des ruisseaux, sur le bord des sources ; en plaine, dans la forêt de Haguenau. Propre à l'enrochement, dans les parties humides, en terre de bruyère.

Umbelliferae. Ombellifères. *Doldengewächse.*

133. Laserpitium latifolium, L. Laser à larges feuilles, L. d'Hercule, Faux turbith, Gentiane blanche. *Breitblättriges Laserkraut, Weisse Hirschwurz, Weisser Enzian.* — Pl. de 60 à 160 et 200 cm. ; à fortes racines lactescentes; à f. inférieures grandes, bi-tripennées; à fl. blanches; en juillet, septembre. Assez commune au Champ-du-Feu, dans la vallée de Sainte-Marie-aux-Mines, sur le mont granitique de Dambach, sur le Hohlandsberg, le Hohstaufen, aux Ballons, au Hohneck, au Rotabac; sur le muschelkalk d'Osenbach; sur le grès vosgien, entre Bitsche et Obersteinbach; dans la Hardt. Propre à l'isolement, dans les parties gazonnées, en terre de bruyère et franche.

134. Bupleurum falcatum, L. Buplèvre en faulx, Bupleure, Oreille de lièvre. *Sichelblättriges Hasenohr.* — Pl. de 30 à 80 cm.; à f. allongées, courbées en faulx, entières; à fl. jaunes; en juillet, septembre. Très commune sur le bord des bois et des chemins, dans les pâturages, en plaine, sur les collines, dans les vallées. Propre au parterre et à l'enrochement, en terre franche ou siliceuse.

135. Sium angustifolium, L. (Berula angustifolia, Koch.). Bérule à f. étroites, Berle, Ache aquatique. *Schmalblättriger Merk, Wasser-M., Wassereppich, Brunnenpeterle.* — Pl. de 30 à 60 cm. ; à f. pinnatiséquées, à folioles ovales, fortement dentées; à fl. blanches; en été. Croît dans les fossés aquatiques, les étangs ; très commune, en plaine et dans les vallées. Propre à toutes les parties d'eau.

136. Sium latifolium, C. Bauh. Berle à larges feuilles, Grande berle aquatique. *Breitblättriger Merk, Grosser Wassermerk, Grosser Wasserpeterle.* — Pl. de 60 à 130 cm.; à f. inférieures immergées, à f. émergées pinnatiséquées, à folioles denticulées ; à fl. blanches; en août, septembre. Très abondante dans les fossés aquatiques de presque toute la région rhénane ; très commune à Schlestadt, Benfeld, Strasbourg, Haguenau. Propre à l'immersion dans les pièces d'eau.

137. Meum athamanticum, Moris. Meum athamante, Baudre-

moine, Badremone. *Gemeine Bärwurz, Bärmutter, Bärenfenchel, Mutterwurz.* — Pl. très aromatique, de 30 à 60 cm.;
à f. nombreuses, touffues, finement découpées, d'un vert vif; à
fl. blanches ou roses, très aromatiques; en juin, juillet. Abonde
dans les pâturages des Vosges, du Ballon de Giromagny à Sarrebourg; dans les vallées de Wesserling, de la Bruche. Propre à
l'enrochement, en terre de bruyère.

138. HERACLEUM SPHONDYLIUM, L. Berce branc-ursine, Pöchte-
gna (au Ban de la Roche). *Gemeine Bärenklau, Bärendopen,
Bärentatze.* — Pl. vivace ou bisannuelle, de 60 à 120 cm.; à f.
très grandes, lobées ou palmatifides; à fl. blanches; en été. Très
commune dans toutes les prairies, sur les escarpements du
Hohneck. Propre à l'isolement, dans les pelouses ou dans l'enrochement, en terre de bruyère et franche.

139. PEUCEDANUM ALSATICUM, L. Peucédane d'Alsace. *El-
sässer Haarstrang.* — Pl. de 60 à 160 cm.; à tiges souvent
pupurescentes; à f. inférieures tripennées, assez vastes; à fl.
jaune pâle; en août, septembre. Très abondante sur les bords
des chemins, des vignes, des broussailles; à Ribeauvillé,
Kaysersberg, Ingersheim, Turckheim, Rouffach, Isenheim,
Soultz, Mulhouse, vers la Hardt, Bilsenheim, Schlestadt, Ebers-
heim, Erstein; sur le lœss, entre Rixheim et Mulhouse, au
bord du canal. Propre à l'isolement et à l'enrochement, en terre
franche.

140. PEUCEDANUM CERVARIA, Lap. P. des cerfs, Grande cer-
vaire, Grand persil de montagne. *Starrer Haarstrang, Hirschwurz, Schwarz-Hirchwurz, Grosser Bergpeterle.* — Pl. très aromatique, de 60 à 130 cm.; à fortes racines; à f. tripennées, rares,
à folioles sessiles; à fl. blanches ou rosées; en août, septembre.
Très abondante dans les lieux graminaux, couverts ou non, des
collines calcaires sous-vosgiennes; dans quelques montagnes
granitiques, euritiques et porphyriques; en plaine, dans la Hardt,
le Kastenwald; entre Schlestadt et Benfeld; dans la plaine de
Haguenau. Propre à l'enrochement ou à l'isolement, au milieu
des gazons, en terre siliceuse.

141. CHAEROPHYLLUM HIRSUTUM, L. Cerfeuil hérissé. *Rau-*

haariger Kälberkropf, Wasserkörbel. — Pl. de 30 à 100 cm.; à f. grandes, pennées, poilues; à fl. roses ou blanches; en mai, juillet. Très commune dans les Vosges granitiques, sur le bord des ruisseaux et torrents; souvent jusqu'en plaine, dans les prairies irriguées des vallées; à Massevaux. Propre au voisinage des eaux courantes, en terre de bruyère ou siliceuse.

Rubiaceae. Rubiacées. *Krappgewächse.*

142. Asperula odorata, Dod. Aspérule odorante, Hépatique étoilée, Reine des bois. *Aechter Waldmeister, Herzfreud.* — Pl. de 15 à 30 cm.; à tiges odorantes; à f. lancéolées, verticillées, luisantes; à fl. odorantes, blanches; en mai, juin. Croît dans les bois et forêts des montagnes; très commune en plaine, dans les environs de Haguenau. Propre à l'enrochement, en massif, à bonne exposition, en terre siliceuse.

143. Asperula cynanchica, L. A. à l'esquinancie, Herbe à l'esquinancie. *Hügel-Waldmeister, Holskräutlein.* — Pl. de 15 à 18 et 30 cm.; à f. linéaires, étroites, verticillées; à fl. roses ou lilas; en été. Croît très communément dans les prés secs, les pâturages, les collines et les montagnes inférieures, partout. Propre à l'enrochement, dans les endroits secs, en terre franche.

144. Asperula tinctoria, L. A. des teinturiers. *Färber-Waldmeister.* — Pl. de 30 à 60 cm.; à racines rouge garance ou jaunâtre; à f. linéaires, verticillées; à fl. blanches ou ordinairement lilas très pâle; en juin, juillet. Rare; croît entre Ingersheim et Katzenthal, sur la colline calcaire, parmi les graminées, au pied des jeunes chênes. Propre à l'enrochement, en terre calcaire ou franche.

145. Asperula galioides, M. Bieb. (A. glauca, Bess.). A. faux galiet. *Labkrautartiger Waldmeister.* — Pl. de 30 à 100 cm.; à f. raides, glauques, linéaires, verticillées; à fl. blanches; en juin, août. Croît sur les collines calcaires sous-vosgiennes, de Ribeauvillé à Guebwiller, surtout à Siegolsheim, Ingersheim, Turckheim, Rouffach, Westhalten, Orschwihr; dans la Hardt et le Kastenwald. Propre aux enrochements, en terre franche et exposition aride.

146. Galium cruciata, Scop. L. Gaillet croisette. *Kreuzblätt-riges Labkraut, Gelbkreuzkraut, Gelbmegerkraut, Krusette.* — Pl. de 15 à 30 cm.; à f. verticillées, ovales, velues ; à fl. jaunes ; en mai, juin. Très commune partout, dans les haies, les buissons, le long des chemins. Propre à l'enrochement, en terre quelconque, aux endroits arides.

147. Galium Mollugo, L. G. blanc, Caillelait blanc. *Gemeines Labkraut, Schmalstern, Weiss Lab- oder Megerkraut, Wild-Röth.* — Pl. de 40 à 100 cm. ; à rameaux étalés ; à f. verticillées, oblongues ou linéaires ; à fl. blanches ; en juin, août. Très commune dans toutes les prairies sèches, les pâturages. Propre à l'enrochement sec, en toute terre.

148. Galium sylvaticum, L. G. des bois. *Wald-Labkraut.* — Pl. de 30 à 100 et 120 cm. ; à f. verticillées, lancéolées, de 3 à 4 sur 7 à 8 cm.; à fl. blanches ; en juillet, août. Très commune dans les forêts et bois des Vosges arénacées, granitiques et sur le muschelkalk ; dans la plaine de Hagenau, jusqu'à Reichstett et Vendenheim. Propre à l'enrochement, en toute terre et au besoin sous couvert.

149. Galium saxatile, L. G. des rochers. *Felsen-Labkraut.* — Pl. de 10 à 30 cm. ; à souche rampante ; à f. longues de 7 à 9 cm., verticillées ; à fl. blanches ; en été. Très commune dans les pâturages et les forêts des Vosges granitiques, euritiques et arénacées ; en plaine, dans la forêt de Haguenau ; dans les Vosges, depuis la vallée de Giromagny, jusqu'au Mont-Tonnerre ; au Champ-du-Feu. Propre à l'enrochement, en terre de bruyère, aux endroits secs.

Valerianeæ. Valérianées. *Baldriangewächse.*

150. Valeriana officinalis, L. Valériane officinale, Herbe aux chats. *Arzneilicher Baldrian, Wilder Baldrian, Katzenwurzel.* — Pl. de 60 à 130 cm. ; à f. pennées ; à fl. odorantes, roses, lilacines ou blanchâtres ; en mai, juin, juillet. Croît partout, sur les collines, dans les bois, les broussailles, les rocailles des montagnes ; très commune dans les prairies inondées des

bords de l'Ill. Propre au parterre et à l'enrochement, en toute terre substantielle et légère.

151. VALERIANA TRIPTERIS, L. V. à trois lobes. *Dreiblättriger Baldrian.* — Pl. de 20 à 40 cm.; à racines odorantes; à f. inférieures longuement pétiolées, ovales, dentées; à fl. roses; en avril, juin. Très commune dans les rocailles des Vosges euritiques et granitiques supérieures; au Ballon, au Hohneck, au Rotabac; dans les vallées, derrière Ribeauvillé; sur le gneiss, au Hohkönigsbourg. Propre au parterre et à l'enrochement, en terre de bruyère.

Dipsaceæ. DIPSACÉES. *Kardengewächse.*

152. SCABIOSA COLUMBARIA, L. Scabieuse colombaire. *Tauben-Skabiose, Apostemkraut.* — Pl. de 30 à 60 cm.; à f. oblongues, dentées; à fl. bleues, rarement blanches; en juillet, août. Très commune dans les pâturages des bois graminceux de la plaine, des collines et des montagnes. Propre au parterre, en terre franche substantielle; se prête au massif, à ciel ouvert ou à l'enrochement.

153. SCABIOSA SUAVEOLENS, Desf. S. odorante. *Wohlriechende Skabiose.* — Pl. de 30 cm.; à f. à bords entiers, plus petites, plus grêles que les précédentes; à fl. odorantes, bleues, rarement blanches; en août, septembre. Croît dans les lieux graminceux, les pâturages, les gazons du Kastenwald, de la Hardt, d'Huningue à Neuf-Brisach; rare aux environs de Strasbourg. Propre au parterre et à l'enrochement, en terre franche substantielle.

154. SUCCISA PRATENSIS, Mœnch. (Sc. SUCCISA, L.). Mors du diable. *Wiesen-Teufelsabbiss, Rauher Abbiss.* — Pl. de 30 à 60 cm.; à f. oblongues, entières; à fl. bleues, rarement blanches; en août, septembre. Très commune dans les prés, les bois, dans toutes les régions. Propre au parterre, au massif, à l'enrochement, en terre franche.

155. KNAUTIA ARVENSIS, L. (Sc. ARVENSIS, L.). Sc. des champs, des prés, Langue de vache, Mirliton, Oreille d'âne. *Acker-Skabiose, Grindkraut, Heublume, Wiesen-Skabiose.* —

Pl. de 30 à 100 cm.; à f. très variables, tantôt pinnatifides, tantôt presqu'entières ou incisées dentées; à fl. bleues ou lilacines, rarement roses ou blanches; en mai, juillet. Très commune dans les prés, les champs incultes et les lieux vagues. Propre au parterre, au massif, à l'enrochement, en terre substantielle.

Campanulaceæ. Campanulacées. *Glockenblumengewächse.*

Les Campanulacées, très communes partout, ont toujours attiré l'attention par la forme élégante de leurs clochettes et la tournure gracieuse de leurs tiges florales. Elles contribuent largement à rappeler le paysage champêtre, partout où elles sont utilisées.

156. Campanula rotundifolia, L. Campanule à feuilles rondes, Clochette commune. *Rundblättrige Glockenblume, Wiesen-Glöckchen.* — Pl. de 15 à 50 cm.; à f. ovales, dentées, longuement pétiolées; à fl. bleues, rarement blanches; en été. Très commune partout, sur les murs, dans les prés, les lieux vagues, les rocailles. Propre au parterre, au petit massif, à l'enrochement, en terre quelconque substantielle et aux emplacements arides.

157. Campanula linifolia, J. Bauhin. Campanule à feuilles de lin. *Leinblättrige Glockenblume.* — Pl. de 30 à 70 cm.; à f. linéaires; à fl. bleues, rarement blanches; en été. Très commune dans les pâturages des hautes Vosges. Propre à l'enrochement ou au parterre, en terre siliceuse et emplacements ensoleillés.

158. Campanula persicifolia, L. C. à feuilles de pêcher, Grande clochette des bois. *Pfirsichblättrige Glockenblume, Grosse Wald-Glockenblume, Waldglöckle.* — Pl. de 30 à 100 et 120 cm.; à f. oblongues; à fl. bleues ou blanches; en juin, juillet. Croît dans les bois, les taillis, les clairières de la plaine et des montagnes, presque partout. Propre au parterre, au massif, à l'isolement, sur enrochement, en bonne terre et prospère au besoin sous le demi-couvert.

159. **Campanula Trachelium**, L. C. gantelée, Herbe aux trochées, Gant de Notre-Dame. *Nesselblättrige Glochenblume, Halskraut, Nessel-Glockenblume, Waldglocken.* — Pl. de 60 à 100 cm. ; à f. inférieures largement ovales, dentées, poilues ; à fl. bleu pourpre, rarement blanches ; en juin, août. Très commune dans les bois, les haies, les buissons de la plaine, des collines et des montagnes. Propre au parterre, à l'enrochement, par groupes ou souches isolées, en terre quelconque substantielle et sous demi-couvert.

160. **Campanula urticifolia**, Schmidt. C. à feuilles d'ortie. *Aechte nesselblättrige Glockenblume.* — Pl. de 60 à 100 cm.; à f. inférieures ovales ou à peine échancrées; à fl. bleues; en été. Moins commune que les précédentes, croît dans les bois, derrière Riquewihr et Ribeauvillé ; près de Wasselonne. Propre au parterre, au massif couvert, à l'enrochement, de préférence en terre siliceuse.

161. **Campanula latifolia**, L. C. à larges feuilles. *Breitblättrige Glockenblume.* — Pl. de 60 à 100 et 150 cm. ; à f. plus grandes que les précédentes ; à fl. bleu purpurin ; en juillet, août. Croît dans les rocailles et sur les escarpements boisés des hautes Vosges ; sur les Ballons, le Rotabac, le Lauchen, le Hohneck, aux Spitzköpffe. Propre à l'enrochement, en terre de bruyère et à ciel libre.

162. **Campanula rapunculoides**, L. C. fausse raifonce. *Kriechende Glockenblume.* — Pl. de 30 à 60 cm. ; à f. inférieures ovales, pétiolées ; à fl. bleu violacé ; en été. Croît très communément dans les vignes, les champs, etc. Propre à l'enrochement et aux massifs d'arbustes, dans les endroits arides, pour lesquels sa grande résistance sera profitable.

163. **Campanula cervicaria**, L. C. cervicaire. *Natterkopfblättrige Glockenblume.* — Pl. de 60 à 100 cm. ; à f. inférieures très allongées ; à fl. bleu pâle ; en juin, juillet. Croît sur les montagnes boisées ; entre Soultz et Cernay ; dans le vallon de Murbach, derrière Guebwiller ; aux environs de Soultzbach, Ammerschwihr, Kaysersberg, Ribeauvillé, Wissembourg ; en

plaine, dans la Hardt, entre le canal et Ottmarsheim. Propre au parterre et à l'enrochement, en terre substantielle et sous couvert.

164. CAMPANULA GLOMERATA, L. C. agglomérée. *Geknäulte Glockenblume.* — Pl. de 30 à 40 cm. ; à f. inférieures longuement pétiolées, plus ou moins pubescentes ; à fl. bleues ; en juillet, septembre. Commune dans les prés, les pâturages de la plaine et des montagnes inférieures ; dans les collines calcaires. Propre au parterre et à l'enrochement ; se prête aussi au gazonnement, en terre riche quelconque.

165. PHYTEUMA SPICATUM, L. VAR. CŒRULEUM. Raiponce en épi, R. sauvage. *Aehrenblüthige Rapunzel.* — Pl. de 60 à 100 et 120 cm. ; à racines charnues ; à f. inférieures ovales, longuement pétiolées ; à fl. bleu violet, plus ou moins foncé ; en mai, juin. Croît dans les prairies et pâturages boisés de la plaine ; dans les alluvions vosgiennes. Propre au parterre, à à l'enrochement, en terre siliceuse.

166. JASIONE PERENNIS, Lam. Jasione vivace *Ausdauerndes Sandglöckchen, Schaafrapunzel.* — Pl. gazonnante ; à f. inférieures oblongues, en rosette ; à fl. d'un beau bleu d'azur ; en juillet, septembre. Assez commune dans les rocailles des hautes Vosges, au Hohneck, au Rotabac, au Strohlberg ; commune aussi depuis le Hohlandsberg jusqu'à Bitsche ; abonde dans la plaine, de Haguenau à Lauterbourg. Propre au gazonnement des petites parties et à l'enrochement, en terre de bruyère ou terre siliceuse.

Cucurbitaceæ. CUCURBITACÉES. *Gurkengewächse.*

Cette famille ne compte qu'un unique représentant dans notre flore.

167. BRYONIA DIOICA, L. Bryone dioïque, Couleuvrée, Vigne blanche, Herbe des femmes battues. *Rothbeerige Zaunrube, Gichtrube, Stickwurz.* — Pl. grimpante ; à racine charnue, de de 20 à 50 cm. ; à tiges annuelles de plusieurs mètres ; à fl. blanc verdâtre ; à baies rouges ; en juin, août. Croît partout, dans les haies. Propre à toutes les places qui se prêtent à la présence des plantes grimpantes vigoureuses, en toute terre calcaire ou siliceuse et aux expositions tant soit peu arides.

Compositæ. Composées. *Korbblüthler*.

Une des familles les plus répandues, les Synanthérées, c'est sous ce nom qu'elle figure dans la flore de Kirschleger, fournissent à l'amateur une riche moisson ; tantôt la fleur, tantôt le port majestueux, parfois la taille timide, plutôt rampante, le coloris, la disposition du feuillage, l'ampleur de la feuille, tous ces caractères seront autant d'auxiliaires précieux qui agrémenteront le paysage improvisé dans une limite restreinte et y transporteront cette impression harmonieuse que la vue de la nature provoque en nous.

168. Prenanthes purpurea, L. Prénanthe pourprée. *Purpurrother Hasenlattich, Waldlattich*. — Pl. de 60 à 160 cm.; à f. oblongues ; à inflorescence en vaste panicule ; à fl. purpurines, rarement blanches ; en juillet, septembre. Très commune dans toutes les forêts des Vosges granitiques et arénacées; assez rare dans la plaine de Haguenau ; commune dans le Jura. Propre au parterre, à l'enrochement, à l'isolement dans les pelouses, en terre de bruyère de préférence.

169. Lactuca perennis, L. Laitue vivace. *Ausdauernder Lattich*. — Pl. de 30 à 60 et 100 cm.; à f. inférieures oblongues, roncinées, pinnatilobées; à fl. bleues ; en mai, juin. Croît dans les lieux rocailleux, dans les champs pierreux, sur le bord des chemins ; à Bouxwiller, au Bastberg ; sur le calcaire palustre, le granit, aux ruines des châteaux d'Ortenberg et de Ramstein, près Schlestadt ; à Saint-Hippolyte ; au Hohlandsberg. Propre au parterre, à l'enrochement, en terre franche.

170. Cicerbita Plumieri, L. Cicerbite de Plumier. *Plumier's Milchlattich*. — Pl. de 80 à 150 cm.; l'une des plus belles composées, très lactescente ; à suc amer ; à f. inférieures très grandes, en lyre ; à fl. d'un beau bleu d'azur, en vaste cime corymboïde ; en juillet, août. Croît sur les escarpements des hautes Vosges ; aux Ballons de Soultz, de Giromagny, au Rotabac, au Hohneck, au Lundenbühl, à Tannache, au-dessus du lac Noir, au Taubenklangfelsen. Propre au parterre, à l'enrochement, à l'isolement dans les pelouses, en terre de bruyère.

171. Mulgedium alpinum, Less. (Sonchus alpinus, L.).
Mulgédie des Alpes. *Alpen-Gänsedistel.* — Pl. de 60 à 100 et
120 cm. ; à tiges purpurescentes ; à f. inférieures en lyre ; à fl.
bleu indigo ou pourpres, en cime racémiforme ; en juin, juillet.
Croît dans toutes les hautes Vosges, de 1100 à 1400 m. d'altitude, au Ballon de Soultz, au Hohneck, dans les rocailles, les
buissons, les ravins, les forêts humides, le long des ruisseaux.
Propre à l'enrochement, en lieux humides, en terre de bruyère.

172. Hieracium Pilosella, L. Épervière piloselle, Oreille
de souris, Véluette, Piloselle. *Gemeines Habichtskraut, Mäuse-
öhrchen, Mausöhrlein.* — Pl. de 10 à 30 cm. ; à f. oblongues,
poilues, couvertes inférieurement d'un duvet blanc ; à fl. rouge
orange ; en mai, juin. Croît partout, dans les lieux vagues, gramineux, les rocailles, rochers, etc. Le Hieracium Pelleteria-
num, Merat, espèce voisine de la précédente, se trouve au Hohlandsberg, Ribeauvillé, etc. Propre au parterre et à l'enrochement, en toute terre.

173. Hieracium Lactucella, Wallr. Piloselle glabre, Petite
laitue. *Wilder Kleiner Lattich.* — Pl. gazonnante, de 15 à
30 cm. ; à f. presque glabres ; à fl. jaunes ; en mai, juillet. Très
commune dans les pâturages, les prés, sur le bord des chemins.
Propre au gazonnement des petites parties voisines de l'enrochement, en terre franche.

174. Hieracium aurantiacum, L. Épervière orangée, É. de
Hongrie. *Pomeranzenblumiges Habichtskraut, Goldblümle.* —
Pl. de 20 à 30 parfois 40 cm. ; à f. oblongues, vertes, non
glauques, poilues sur les bords ; à fl. orangées ou safranées,
rarement jaune doré ; en juillet, août. Croît dans les pâturages
rocailleux des hautes Vosges ; au Ballon de Soultz, au Hohneck,
sur les cimes du vallon dit Schwalbennest, en allant du Hohneck
au Kastelberg ; rare au Rotabac et à Tannache. Propre au parterre, à l'enrochement, en terre ordinaire.

175. Hieracium murorum, C.B.-L. É. des murs. *Mauer-
Habichtskraut.* — Pl. de 20 à 150 cm. ; à f. de la base vertes
ou glauques, ovales ; à fl. jaune citron ; en mai, août. Croît sur
murs, dans les lieux vagues, les rocailles, sur le bord des bois,

dans les clairières ; très commune partout, dans la plaine et sur les hautes montagnes ; le Hohneck. Propre à l'enrochement, en terre siliceuse.

176. HIERACIUM SABAUDUM, J. B.-L. É. de Savoie. *Savoyisches Habichtskraut.* — Pl. de 80 à 120 cm. ; à f. inférieures ovales, très velues ; à fl. jaunes ; en août, septembre. Croît dans les bois des collines sous-vosgiennes ; à Wintzenheim, Ribeauvillé. Propre au parterre et à l'enrochement, en terre franche, sous demi-couvert.

177. HIERACIUM UMBELLATUM, L. É. en ombelle. *Doldiges Habichtskraut.* — Pl. de 30 à 100 et 150 cm. ; à f. lancéolées ou linéaires ; à fl. jaunes ; en août, septembre ; variable dans ses formes. Très commune dans les forêts, les bois rocailleux des vallées et des montagnes ; dans les bois et forêts de la plaine ; sur le bord des rivières et des torrents des Vosges ; bords de la Fecht, de la Lièpvre. Propre au parterre, à l'enrochement, sous demi-couvert, en terre siliceuse et dans les endroits un peu humides.

178. LEONTODON PYRENAICUS, Gouan. Liondent des Pyrénées. *Pyrenäischer Löwenzahn.* — Pl. de 8 à 15 et 20 cm. ; à f. inférieures oblongues ; à fl. jaune doré ; en mai, juin. Croît très abondamment dans les pâturages de toutes les hautes Vosges, de 1000 à 1400 m. d'altitude ; du Ballon de Giromagny au Champ-du-Feu. Propre au gazonnement, dans l'enrochement, en terre de bruyère.

179. SERRATULA TINCTORIA, Tabern. L. Sarrète des teinturiers. *Färbe-Scharte, Färbers-Scharte.* — Pl. de 30 à 100 cm. ; à f. variables, les inférieures longuement pétiolées, oblongues, tantôt simplement denticulées, tantôt lobées ou pinnatifides ; à fl. purpurines, rarement blanches ; en juillet, septembre. Croît dans les bois, les pâturages boisés et surtout dans les prairies tourbeuses de la région rhénane ; abonde dans les montagnes, jusque dans les escarpements du Hohneck. Propre au parterre, à l'enrochement, en terreau, sous demi-couvert et endroits humides.

180. CENTAUREA JACEA, L. Centaurée jacée, Tête de moineau,

Jacée des prés. *Gemeine Flockenblume, Wiesen-Flockenblume, Flockblum.* — Pl. de 30 à 100 cm. ; à f. inférieures pétiolées, vertes ; à fl. ordinairement purpurines, rarement blanches ; en juillet, août. Très commune partout, dans les prairies sèches. Propre au parterre, à l'enrochement, en terre franche et au besoin dans les endroits les plus arides.

181. Centaurea montana, L. C. des montagnes, Grand bluet. *Wald-Berg-Kornblume.* — Pl. de 30 à 50 cm. ; à f. ovales, entières ; à fl. d'un beau bleu violacé, extérieurement bleu d'azur ; en mai, juillet. Commune dans les forêts, les rocailles ombragées, les escarpements des Vosges granitiques ; au Hohlandsberg ; à Ribeauvillé ; sur le grès vosgien, depuis Bitche au Mont-Tonnerre ; près de Wissembourg ; sur le massif du Champ-du-Feu, depuis Dambach, à 400 m. d'altitude, jusqu'à Grendelbruch. Propre au parterre, en terre siliceuse.

182. Centaurea scabiosa, L. C. scabieuse. *Skabiosenartige Flockenblume.* — Pl. de 60 à 130 cm. ; à f. inférieures segmentées ; à fl. purpurines, rarement blanches ; en juillet, août. Très commune partout, dans les lieux gramineux secs, dans les pâturages ; à Strasbourg, jusque sur les glacis. Propre au parterre, en terre franche et à l'enrochement, dans les endroits desséchés.

183. Eupatorium cannabinum, C.B.-L. Eupatoire à feuilles de chanvre, Eupatoire, Herbe de Sainte-Cunégonde, Chanvrin, Chanvre d'eau. *Hanfähnlicher Wasserdost, Hanf-Alpkraut, Kunigundenkraut.* — Pl. de 100 à 200 cm. ; à f. digitées, à 3 et 5 folioles ovales, dentées ; à fl. roses ; en juillet, septembre. Très commune le long des rivières et des fossés, dans les haies et les buissons de la plaine et des montagnes. Propre au parterre, à l'enrochement, en terre siliceuse de préférence et sous demi-couvert, aux endroits quelque peu humides.

184. Adenostyles albifrons, Rchb. (Cacalia albifrons, L.). Cacalie velue, Pied de cheval des forêts. *Graublättriger Alpendost, Grosse Wald-Rosshufen.* — Pl. de 60 à 130 cm. ; à f. inférieures longuement pétiolées, orbiculaires, grandes ; à fl. purpurines, rarement blanches, en vaste cime corymboïde ; en juillet, août. Croît très communément dans les forêts humides des hautes

Vosges, sur le granit et le grès vosgien, du Ballon de Giromagny
au Schneeberg. Propre à l'enrochement, sur le bord des ruisseaux ou des chutes, en terre siliceuse et de préférence à l'exposition du Nord.

185. Tussilago Farfara, Lobel. Tussilage pas d'âne. *Gemeiner Huflattich, Rosshüfle.* — Pl. de 15 cm. ; à f. en cœur,
blanches en-dessous ; à fl. jaunes ; en mars, avril. Très commune dans les terrains argileux, humides, dans les lieux cultivés
et incultes. Propre au talus, en terre franche ou argileuse.

186. Petasites vulgaris, C. B. (P. officinalis, Mœnch.).
Petasites officinal, Herbe aux teigneux, Chapelière, Contre-peste.
*Arzneiliche Pestwurz, Pestilenzwurz, Neun-Kraftwurz, Gross-
matten-Rosshuf.* — Pl. de 30 à 60 cm. ; à f. en cœur, très grandes,
de 30 à 60 cm. ; à faces inférieures velues et blanchâtres ; à fl.
lilas rose ; en mars, avril. Très commune dans les prairies humides des vallées ; sur le bord des torrents et des ruisseaux,
souvent aussi en plaine ; à Strasbourg, sur les bords de la Bruche
et de ses canaux, à Lampertheim, à Reichstett. Propre aux
abords des pièces d'eau, dans les pelouses, par groupes ou par
touffes isolées, en terre franche substantielle.

187. Petasites albus, J. Bauh.-Gauth. P. blanchâtre. *Weisse
Pestwurz.* — Pl. de 30 cm. ; à f. larges, en cœur, cotonneuses
et blanchâtres en-dessous ; à fl. blanches ; en mars, avril, mai
sur les hauteurs. Très commune dans les Vosges centrales, depuis Giromagny jusqu'au Donon, surtout dans les vallées de
Munster, de Guebwiller, de Saint-Amarin, le long des torrents
et des ruisseaux, dans les pâturages irrigués et humides ; abonde
également dans le Jura sundgovien. Propre au bord des eaux,
en terre franche ou siliceuse ; convient aussi à l'isolement, dans
les parties gazonnées.

188. Linosyris vulgaris, Dc. (Chrysocoma Linosyris, L.).
Chrysocome à feuilles de lin, Lin doré. *Gemeines Goldhaar,
Goldflachs, Goldlein.* — Pl. de 15 à 30 aussi 80 cm. ; à f.
linéaires, glabres ; à fl. jaunes ; en août, octobre. Très commune
sur les collines calcaires sous-vosgiennes, depuis Soultzmatt et
Westhalten jusqu'à Ribeauvillé ; sur le granit des montagnes

d'Ortenberg et de Ramstein ; dans la Hardt; rare dans le Sundgau. Propre au parterre et à l'enrochement, en terre franche.

189. Solidago virga aurea, L. Solidage verge d'or, Herbe des juifs, Grande verge dorée. *Gemeine Goldruthe, Gulden-Wundkraut.* — Pl. de 15 à 60 et parfois 120 cm.; à f. inférieures oblongues ou ovales, presqu'entières; à fl. jaunes; en juillet, septembre. Très commune dans les bois secs et sablonneux de la plaine et des montagnes, jusque dans les escarpements du Hohneck. Propre au parterre, au petit massif perdu dans les gazons, à l'enrochement, en terre siliceuse et aux emplacements secs.

190. Aster Amellus, L. Aster amellus. *Virgils-Sternblume.* — Pl. de 30 à 50 cm.; à f. inférieures ovales, les caulinaires sessiles; à fl. bleu pourpre; en juillet, septembre. Très commune dans les pâturages, les pelouses gramineuses boisées de la région rhénane, de Bâle à Strasbourg; Polygone, Neuhof, Ostwald, Gansau, Illkirch; sur les collines calcaires sous-vosgiennes et sundgoviennes. Propre au parterre, au massif, à l'enrochement, en terre franche, sous demi-couvert.

191. Erigeron acris, L. Vergerette âcre. *Gemeines Berufskraut, Frühgreis.* — Pl. souvent vivace ou bisannuelle, de 15 à 60 cm.; à f. inférieures oblongues, pétiolées; à fl. purpurines; en mai, juin, puis août, septembre. Assez commune sur les bords et les grèves du Rhin, dans les sables humides, les lieux vagues et incultes, les prés secs, le bord des chemins. Propre au parterre, à l'enrochement, en terre siliceuse et endroits arides.

192. Arnica montana, L. Arnica de montagne, Panacée des chutes, Arnica, Arnique, Bétoine ou Plantain ou Tabac des Vosges, Doronic d'Allemagne. *Gemeiner Wohlverlich, Fallkraut, Lucianskraut, Engelstrank, Engelkraut, Johannisblume, Sonnenwirbel, Mutterwurz.* — Pl. magnifique de 15 à 50 cm.; à f. inférieures ovales, oblongues, raides, entières, étalées en rosette; à fl. d'un beau jaune doré, à odeur spéciale très forte; en juin, juillet. Très commune dans les pâturages des Vosges; sur le granit, l'eurite, le grès vosgien, depuis la vallée de Giromagny jusqu'à Wissembourg et au Bienwald; assez commune

dans les bois et les forêts gramineuses situées entre la Lauter et la Moder. Propre à l'enrochement ou au parterre, en terre siliceuse; de culture délicate, à opérer par l'élève de jeunes semis.

193. DORONICUM PARDALIANCHES, L.-Willd. Doronic mort aux panthères, D. à racine de scorpion. *Gemeine Gemswurz, Scorpionswurz, Gemswurz.* — Pl. de 60 à 80 cm.; à f. inférieures longues, pétiolées, à limbe crénelé, cordiforme; à fl. jaune pâle; en mai, juin. Croît dans les forêts, les bois, les taillis des Vosges supérieures; dans la vallée de Munster, au Schlosswald, au Plixbourg, au Hohlandsperg, au Hohstaufen, à Wasserbourg, Soultzbach; dans la vallée de Guebwiller, au Hugstein, à Murbach; dans la vallée de Steinbach; assez rare au Champ-du-Feu; de Saint-Nabor, vers Niedermunster, à Ottrott. Propre au parterre, mais surtout à l'enrochement, en terre siliceuse et sous demi-couvert.

194. SENECIO PALUDOSUS, L. Séneçon des marais, Conyze d'eau. *Sumpf-Kreuzblatt, Wasserwundkraut.* — Pl. de 60 à 200 cm.; à f. sessiles, lancéolées, cotonneuses en-dessous; à fl. ligulées, jaunes; en juin, juillet. Très commune dans les fossés aquatiques, sur les bords des canaux, etc., dans toute la région rhénane; surtout à Strasbourg, où elle abonde; dans la vallée de la Zorn, sur le bord du canal; dans le Sundgau, à Huningue. Propre aux abords des eaux, en terre franche.

195. SENECIO SARRACENIUS, L. S. sarrasin, Consoude des sarrasins. *Sarazenisches Kreuzkraut, Heidnisch Wundkraut.* — Pl. de 80 à 150 cm.; à f. ovales ou lancéolées, dentées, assez fermes; à fl. jaunes, en vaste cime corymboïde; en juillet, septembre. Croît dans les forêts et les bois; très commune dans les Vosges, le Jura; dans la plaine rhénane, à Hœrdt, Ostwald, Reichstett, Wantzenau, Bischwiller, Haguenau. Propre à l'enrochement et au sous-bois, en terre franche.

196. SENECIO JACQUINIANUS, Rchb. S. de Jacquin. *Jacquin's Kreuzkraut.* — Pl. voisine de la précédente, de 80 à 150 cm.; à f. moyennes, ovales, pétiolées, d'un vert sombre, pâles en-dessous; à fl. jaunes, odorantes; en juillet, septembre. Croît

dans les Vosges granitiques et arénacées ; au Rossberg ; çà et là,
en plaine. Propre à l'enrochement, en terre siliceuse.

197. SENECIO SPATHULÆFOLIUM NEMORENSIS, Nab. Cinéraire
des bois. *Hain-Kreuzblatt* — Pl. de 60 à 160 cm.; à f. inférieures cordiformes ; à fl. d'un beau jaune citron ; en avril, juin.
Assez commune dans les Vosges inférieures, de Massevaux à
Barr ; au château d'Andlau, sur le bord du chemin de Barr au
Hohwald, derrière Epfig et Dambach ; foisonne à Ribeauvillé ;
au Hohlandsperg ; sur le grès vosgien (à Ludwigswinkel et à
Eppenbrunn). Propre à l'enrochement, en terre siliceuse et
sous demi-couvert.

198. INULA SALICINA, L. Inule à feuilles de saule. *Weidenblättriger Alant.* — Pl. de 30 à 60 cm.; à f. raides, presque
coriaces, oblongues, dentelées ; à fl. jaunes ; en juillet, août.
Croît communément, tant en plaine que sur les collines calcaires
sous-vosgiennes, sundgoviennes; dans les prés et bois gramineux
de la région ello-rhénane ; à Strasbourg, au bois d'Illkirch, du
Neuhof, d'Ostwald. Propre au parterre, à l'enrochement, en
terre franche.

199. INULA BRITANNICA, L. I. britanique, I. aquatique. *Wiesen-
Alant.* — Pl. de 15 à 50 cm. ; à f. caulinaires herbacées, lancéolées, dentelées, blanches, cotonneuses inférieurement; à fl.
jaune d'or ; en juillet, août. Croît dans les prairies de la région
ello-rhénane, entre Colmar et Schlestadt ; dans les prairies du
Ried, près d'Huningue ; dans le Ried d'Onenheim, près du Rhin ;
à Huttenheim et Benfeld ; derrière la maison du garde du Polygone ; assez commune à l'île des Épis. Propre au parterre, à
l'enrochement, en terre franche et aux endroits humides.

200. INULA DYSENTERICA, L. (PULICARIA DYSENTERICA, Gærtn.).
Pulicaire dysentérique, Aulnée antidysentérique. *Ruhr-Floh-
kraut, Dürrwurz, Falschfaltkraut.* — Pl. de 30 à 60 cm. ; à f.
ondulées, dentelées, rugueuses, oblongues ; à fl. jaunes ; en août.
Très commune le long des routes, des fossés, dans les prés humides ; plus commune dans la plaine que dans les vallées.
Propre à l'enrochement, au parterre, en terre franche et endroits
humides.

201. ANTENNARIA DIOICA, Gaertn. (GNAPHALIUM DIOICUM, L.). Antennaire dioïque, Pied de chat, Herbe blanche, Oeil de chien. *Zweihäusiges Ruhrkraut, Mausöhrle, Katzentöple, Engelsröslein, Hasenpfötle.* — Pl. gazonnante, de 10 à 30 cm.; à f. linéaires, cotonneuses; à fl. blanches, roses ou purpurines; en mai, juin. Extrêmement commune dans les bruyères des Vosges; moins abondante dans le Jura; fréquemment en plaine, à Strasbourg, dans la forêt de la Gansau. Propre au parterre, au gazonnement de petits espaces, à l'enrochement, en premier plan et terre siliceuse.

202. HELICHRYSUM ARENARIUM, DC. (GNAPHALIUM ARENARIUM, L.). Elichryse des sables, Immortelle. *Sand-Ruhrkraut, Immerschön, Rheinblumen.* — Pl. de 15 à 40 cm.; à f. lancéolées, sessiles; à fl. jaunes ou oranges, luisantes et persistantes; en juin, août. Très commune dans les terrains vagues et arénacés, les champs arides et sablonneux, depuis Brumath, Obermodern, Pfaffenhofen; dans le vogésias, de Bitche à Wissembourg. Propre au parterre, à l'enrochement, en terre siliceuse et emplacement sec, au besoin.

203. ARTEMISIA CAMPHORATA, Villars. Armoise camphrée. *Kampher-Beifuss.* — Pl. suffrutescente, de 30 à 100 cm.; à f. grisâtres ou verdâtres, linéaires; à fl. jaunes, à forte et agréable odeur; en septembre, octobre. Croît sur les collines calcaires, à Westhalten, près de Rouffach. Propre au parterre, mais surtout à l'enrochement, en terre calcaire ou franche et dans les endroits exposés au plein soleil.

204. ARTEMISIA CAMPESTRIS, L. Armoise champêtre, Aurone mâle, Aur. sauvage, Aur. des champs. *Feld-Beifuss, Wild-Feld-Stabwurz.* — Pl. bisannuelle ou vivace, gazonnante, de 30 cm.; à f. grisâtres, puis vertes; à fl. jaunes; en août, septembre. Très commune dans la région rhénane, depuis Bâle, dans les lieux vagues, cailloux et sablonneux; extrêmement commune à Strasbourg, au Polygone, au Neuhof, à Ostwald; à Haguenau; dans les Vosges granitiques, près des ruines d'Ortenberg et de Ramstein; dans le vogésias, aux environs de Bitche. Propre à l'enrochement, en terre siliceuse et endroits secs.

205. **Tanacetum vulgare**, L. Tanaisie commune, Herbe amère, Herbe aux vers, Tanacie, Barboline, Athanasie. *Gemeiner Rainfarn, Rheinfarrn, Wurmkraut, Hembderknöpfle.* — Pl. de 60 à 150 cm. ; à f. segmentées, incisées ; à fl. jaunes ; en juillet, août. Très commune partout, dans les haies, les buissons, les lieux incultes, sur les vieux murs, le bord des routes, des champs, des rivières. Propre au parterre, à l'enrochement, en touffe isolée, dans les pelouses, en terre franche.

206. **Leucanthemum vulgare**, Tft. Lam. (Chrysanthemum Leucanthemum, Linn.). Leucanthème commune, Grande marguerite, Gr. marg. des prés, Grande pâquerette. *Gemeine Wucherblume, Grosse Wiesen-Gänsblume, Grosse Maasliebe.* — Pl. bisannuelle, parfois vivace, de 30 à 60 et 120 cm. ; à f. inférieures oblongues, crénelées ; à fl. blanches ; en juin, juillet. Croît partout, dans les prés, jusque dans les pâturages des hautes Vosges, sous formes naines. Propre au parterre, à la corbeille, à l'enrochement, en toute terre substantielle.

207. **Leucanthemum corymbosum**, Gr. et G. (Chrysanthemum corymbosum, L.). L. en corymbe. *Doldentraubige-Wucherblume, Bertramwurz.* — Pl. de 30 à 100 cm. ; à f. segmentées, oblongues, mucronées, velues, grisâtres, peu odorantes ; à fl. blanches ; en juin, juillet. Abonde dans les bois gramineux de la Hardt et dans les forêts rocailleuses des Vosges inférieures ; Guebwiller, Kaysersberg, Ribeauvillé, Dambach ; commune sur les collines calcaires sous-vosgiennes de Wintzenheim, d'Ingersheim, de Sigolsheim ; foisonne dans le vallon de Soultzbach, au Hohlandsperg ; rare dans le grès vosgien. Propre au parterre, au massif, à l'enrochement, en terre franche.

208. **Achillea millefolium**, L. Achillée mille-feuille, Saignenez, Sourcils de Vénus, Mille-feuille ordinaire. *Gemeine Schafgarbe, Feldgarbe, Garbe, Garbenkraut.* — Pl. amère, aromatique, de 30 à 80 cm. ; à f. oblongues, à 18 et 20 segments, velues ; à fl. blanches ou purpurines ; en juin, septembre. Très commune partout, dans les prés, les champs, les pâturages, les lieux incultes. Propre au parterre, à l'isolement, à l'enrochement, en terre quelconque ; se prête au gazonnement.

209. ACHILLEA NOBILIS, L. A. noble, Mille-feuille noble. *Edle Schafgarbe, Edelgarben, Weiss Edel-Garbenkraut.* — Pl. de 15 à 30 et 50 cm.; à f. vert pâle ou jaunâtre, fortement aromatiques, ovales, dentelées, segmentées; à fl. d'un blanc un peu jaunâtre; en juin, août. Très commune sur les collines sous-vosgiennes granitiques, calcaires et arénacées; abonde dans la vallée de Munster; à Ribeauvillé; sur le grès vosgien, à Mutzig; entre Sigolsheim et Ostheim; dans la Hardt, près d'Ottmarsheim; entre Bâle et Schlestadt; dans la plaine rhénane. Propre au parterre, au massif, à l'enrochement, en toute terre substantielle.

210. ACHILLEA PTARMICA, L. A. sternutatoire, Herbe à éternuer, Ptarmique, Estragon sauvage. *Bertram-Schafgarbe, Niesskraut, Wilder Bertram, W. Dragun, Weisser Rheinfarrn, Sumpfgarbe.* — Pl. de 30 à 60 et 120 cm.; à f. simples, lancéolées, dentées; à fl. blanches; en juin, août. Très commune dans les prés humides, sur le bord des rivières, dans les buissons, les oseraies, etc., partout. Propre au parterre, à l'enrochement, en toute terre substantielle.

211. BELLIS PERENNIS, L. Pâquerette vivace, Pâquerette, Marguerite, Petite marguerite. *Gemeines Gänseblümchen, Maassliebchen, Tausendschönchen, Gänsblümle, Zitterrösle.* — Pl. gazonnante, de 5 à 15 cm.; à f. inférieures ovales, en rosette; à fl. blanches ou roses; de mars à octobre. Croît partout, dans les prés, les pâturages, les champs incultes. Propre à la bordure, au massif, au gazonnement de petits espaces, en terre franche substantielle.

212. BUPHTHALMUM SALICIFOLIUM, L. Buphthalme à feuilles de saule, Oeil de bœuf. *Weidenblättriges Rindsauge, Ochsenauge.* — Pl. de 15 à 50 cm.; à f. inférieures oblongues; à fl. jaunes; en été. Assez rare; croît sur les montagnes de Hoh-Andlau; sur les collines calcaires boisées et gramineuses, entre Wintzenheim, Wettolsheim et Husseren; au Florimont, près d'Ingersheim; dans les prairies du Ried, près Benfeld, Herbsheim, Obenheim; dans le Jura sundgovien; sur les collines calcaires, près d'Oberlarg. Propre au parterre, à l'enrochement, en terre franche.

Pyrolaceæ. PYROLACÉES. *Heidekrautgewächse.*

Cette famille, comprise aussi dans celle des ÉRICACÉES, fournit un genre unique.

213. PYROLA ROTUNDIFOLIA, L. Pyrole à feuilles rondes, Grande pyrole, Verdure d'hiver. *Rundblättriges Wintergrün, Waldmangold.* — Pl. de 15 à 40 cm. ; à f. rondes, entières ; à fl. blanches ou roses ; en été. Croît dans les forêts et les bois ; abonde dans les montagnes porphyriques, entre Thann et Wattwiller, près du Herrenfluch ; dans la vallée de Guebwiller ; près Wasselonne, derrière la Papeterie ; dans la vallée de la Mussig ; aux environs de Dambach et de Barr ; sur le grès vosgien, à partir de Bitche ; dans la plaine de Haguenau ; dans le Jura sundgovien, à Mulhouse, au Tannenwald ; dans les forêts de pins des environs d'Ensisheim. Propre à l'enrochement, en terre siliceuse et sous demi-couvert.

214. PYROLA SECUNDA, L. P. unilatérale. *Einseitswendiges Wintergrün.* — Pl. de 15 à 20 cm. ; à f. ovales, crénelées ; à fl. jaunes ou blanc verdâtre ; en juin, juillet. Croît dans les forêts de pins et de sapins des Vosges granitiques et arénacées ; dans la vallée de Guebwiller ; dans la vallée de Munster, les vallons d'Eschbach et de Griesbach ; à Gueberschwihr, à Ribeauvillé et Riquewihr, sur les bords du chemin d'Aubure, près de la ruine du Bilstein ; derrière Dorlisheim et Barr, vers le Champ-du-Feu et au Hohwald ; en plaine, à Ensisheim. Propre à l'enrochement, en terre de bruyère, sous demi-couvert.

Gentianeæ. GENTIANÉES. *Enziangewächse.*

Les Gentianées rappellent la flore alpestre et quoique leur culture présente parfois de grandes difficultés, elles ne sauraient manquer dans un enrochement soigné. Plusieurs espèces se prêtent à la culture en bordure ou en massif et arrivent à former un tapis épais, trapu, heureusement animé par leurs bouquets de fleurs. Notre choix en Alsace est limité.

215. GENTIANA LUTEA, L. Gentiane jaune. G. rouge, Grande gentiane. *Gelber Enzian, Bitter-Enzien.* — Pl. de 60 à 130 cm. ;

à racines pivotantes, très amères ; à f. inférieures pétiolées, oblongues ; à fl. jaunes, rarement rougeâtres ; en juin, août. Abonde dans les pâturages des hautes Vosges, de 1000 à 1400 m. d'altitude ; du Ballon de Giromagny à Aubure, derrière Ribeauvillé. Fort rebelle à toute culture en plaine, elle convient aux enrochements de nos vallées, dans lesquelles elle pourrait réussir, par semis, en terre de bruyère profonde.

216. GENTIANA CRUCIATA, Gesn. Croisette. *Kreuz-Enzian, Kreuzwurz, Magdelgeer, Todtenblume, St.-Peterskraut, Sperenstich, Sibillenwurz.* — Pl. de 15 à 50 cm. ; à f. oblongues ; à fl. bleu verdâtre ; en juin, juillet. Croît dans les pâturages, les prés secs, les bois gramineux ; assez commune dans la plaine rhénane et les collines calcaires sous-vosgiennes ; à Strasbourg, au Polygone, aux bois d'Illkirch et d'Ostwald ; dans le Sundgau. Propre à la bordure, au gazon et à l'enrochement, par petits massifs, en terre franche un peu forte.

217. GENTIANA PNEUMONANTHE, L. G. pneumonanthe, Pulmonaire des marais. *Wiesen-Enzian, Wasser-Lungenkraut, Lungen-Enzian.* — Pl. de 15 à 80 cm. ; à f. lancéolées ; à fl. grandes, bleues ; en août. Croît dans les prairies marécageuses et humides de la région ello-rhénane ; à Colmar, Schlestadt, Benfeld, Erstein, Strasbourg, dans la Gansau, à Ostwald, Lingolsheim, dans les fossés de la Citadelle, à Haguenau, Bischwiller, Wantzenau, Lauterbourg, Wissembourg, dans le Bienwald ; dans les prairies tourbeuses du grès vosgien, à Niederbronn, Bitche ; dans le Sundgau, à Huningue. Propre au parterre et à l'enrochement, en terre franche ou légèrement siliceuse et dans les endroits humides.

218. MENYANTHES TRIFOLIATA, L. Menyanthe trèfle d'eau, Favotte. *Gemeiner Fieberklee, Zottenblume, Bitterklee, Scharbockklee.* (V. aussi fam. des MENYANTHACÉES.) — Pl. de 15 à 30 cm. ; à f. trifoliées, ovales ; à fl. blanc rosé ; en mai, juin. Croît dans les tourbières, les fossés aquatiques, les marais spongieux ; commune dans les Vosges ; en plaine, à Wissembourg, Haguenau, près de Strasbourg, à Ostwald, Lingolsheim, Graffenstaden ; dans le Ried, entre Erstein et Schlestadt ; dans le Sundgau.

Propre aux abords des étangs, dans les parties tourbeuses ou dans les enrochements inférieurs inondés.

219. Limnanthemum nymphoides, Link. Limnanthème faux nénuphar. *Gemeine Seekanne.* (V. aussi fam. des Ményanthacées.) — Pl. aquatique; à f. supérieures orbiculaires, de 4 à 6 cm.; à fl. jaunes; en juillet, septembre. Croît dans les canaux, les rivières, les étangs, les fossés aquatiques de la région rhénane, depuis Fort-Louis jusqu'à Lauterbourg; à Kauffenheim, Forst-felden, Reschwoog; à Michelfelden, près d'Huningue. Convient aux pièces d'eau à fond vaseux.

Apocyneæ. Apocynées (Nérinées). *Hundsgiftgewächse.*

220. Vinca minor, L. Pervenche couchée, Petite pervenche. *Kleines Sinngrün, Junggrün, Todtenblume, Judenviole.* — Pl. traçante, de 10 à 30 cm.; à f. elliptiques, coriaces, luisantes, entières; à fl. bleu d'azur, souvent blanches, rarement roses ou purpurines; en mars, mai. Croît dans les bois et buissons des montagnes et des collines; très commune dans les Vosges; en plaine, çà et là, à Ostheim, Graffenstaden, Lingolsheim, dans la Blüth, à Haguenau; au Hohkœnigsbourg (à fl. purpurines). Convient pour tapisser le sol des massifs d'arbres ou d'arbustes, pour la bordure et l'enrochement, au nord de préférence.

Asclepiadeæ. Asclépiadées. *Seidenpflanzengewächse.*

221. Vincetoxicum officinale, Mœnch. (Cynanchum Vincetoxicum, R. B.). Dompte venin officinal, Dompte venin. *Gemeine Schwalbenwurz, Ipecacuanha* (des Allemands). — Pl. de 40 à 100 cm.; à f. ovales, entières; à fl. blanches; en juin, juillet. Très commune dans les bois, les buissons, les rocailles de la plaine, des collines et des montagnes inférieures. Propre au parterre et à l'enrochement, en terre franche.

Convolvulaceæ. Convolvulacées. *Windengewächse.*

222. Convolvulus sepium, L. Liseron des haies, Grand liseron, Manchette de la Vierge. *Zaun-Winde, Grosse Winde.* —

Pl. grimpante et volubile, de 200 à 300 cm.; à f. cordiformes;
à fl. très grandes, blanc pur, épanouies du matin au soir; en
juillet, septembre. Croît communément partout, dans les haies,
les buissons. Propre à tous les emplacements qui comportent
une plante grimpante, tels que le tronc des arbres isolés, les
palissades, les murs et clôtures, à exposition chaude, les ton-
nelles, etc., en toute terre substantielle.

Solaneæ. SOLANÉES. *Nachtschattengewächse.*

Sur les trois espèces, deux se couvrent de baies décoratives,
plus ou moins vénéneuses, la Morelle et la Belladone; aussi ces
dernières ne devront-elles être utilisées qu'avec réserve.

223. SOLANUM DULCAMARA, L. Morelle douce amère, Morelle
grimpante, Douce amère, Vigne de Judée. *Bittersüsser Nacht-
schatten, Je länger je lieber, Hinschkraut.* — Pl. frutescente et
sarmenteuse, de 100 à 300 cm.; à f. inférieures ovales; à fl.
violacées, rarement blanches; à baies rouges, ovoïdes; en juin,
août. Très commune dans les haies, les buissons, les bois,
sur les vieux troncs pourris. Propre au rôle de plante grimpante,
en bon terreau.

224. PHYSALIS ALKEKENGI, L. Alkekenge, Coqueret alkekenge,
Herbe à cloques, Coqueret. *Gemeine Schlutte, Judenkirsche,
Blasenkirsche, Teufelspuppen, Boberellen.* — Pl. de 30 à 60
cm.; à f. géminées, ovales, dentées; à fl. jaune pâle ou blanchâtre; en juin, juillet; à baies rouges, globuleuses, cachées
par le calice d'un rouge écarlate; en septembre, octobre. Croît
sur les bords des chemins et des digues de la région rhénane;
commune dans les vignes des collines sous-vosgiennes; à Rouffach, Ingersheim, Kolbsheim, Wolxheim, Barr, Wasselonne,
Wissembourg; dans le Sundgau. Propre au parterre et à l'enrochement, en terre calcaire ou franche et à exposition méri-
dionale.

225. ATROPA BELLADONA, L. Belladone vénéneuse, Belladone,
Bouton noir, Belle Dame, Herbe empoisonnée. *Gemeine Toll-
kirsche, Dollkraut, Wolfskirsche, Waldnachtschatten, Schlaf-*

beere, *Teufelsbeere, Guckle, Sau-Wuth Kirsche.* — Pl. de 60 à
150 cm.; à f. inférieures alternes, pétiolées, ovales, entières, de
12 à 15 cm.; à fl. brunâtres en dehors, jaunâtres ou olivâtres en
dedans; en juillet, août; à baies nues, globuleuses, d'un noir
luisant, de la grosseur d'une cerise sauvage, à suc pourpre
cramoisi. Croît dans les taillis, les clairières, les bois rocailleux,
dans toute la chaîne des Vosges granitiques et arénacées, surtout dans les montagnes situées entre Soultzmatt, Gueberschwihr
et Soultzbach; près de Ribeauvillé, au Dusenbach; en plaine,
dans la forêt de Haguenau; sur la Hardt et dans le Jura sundgovien. Propre à l'enrochement, en arrière-plan, en terre substantielle quelconque et toujours hors de portée des enfants.

Borraginew. Borraginées. *Boretschgewächse.*

226. Symphytum officinale, L. Consoude officinale. *Arzneilicher Beinwell.* — Pl. de 60 à 100 cm.; à f. oblongues; à fl. blanchâtres, purpurines ou roses; en avril, juin. Croît dans les
prairies humides, sur les bords des fossés et partout très commune; dans les prairies du Ried, près Benfeld, se trouvent les
variétés blanches, pourpres et glabres. Propre aux bords des
eaux, en toute terre plus ou moins compacte.

227. Myosotis palustris, Ruff.-With. Myosotis des marais,
Plus je vous vois plus je vous aime, Ne m'oubliez pas. *Sumpf-
Vergissmeinnicht, Je länger je lieber, Blauer Augentrost.* —
Pl. de 15 à 50 cm.; à f. oblongues; à fl. bleu d'azur, rarement
roses ou blanches; en mai, août. Croît dans les prairies humides,
dans les fossés, les marais, les bords des ruisseaux et des
rigoles, etc., partout. Propre aux abords des pièces d'eau, dans
les enrochements humides, en terre franche substantielle et
compacte; convient à l'immersion, dans les parties peu profondes.

228. Lithospermum officinale, L. Gremil officinal, Millet
d'amour, Millet perlé, Perlière, Vraie herbe aux perles. *Arzneilicher Steinsame, Meerhirse, Steinhirse, Sonnenhirse, Perl-
kraut, Waldhirse.* — Pl. de 60 à 120 cm.; à f. oblongues, très
âpres; à fl. blanchâtres; en mai, juillet. Très commune dans

les bois de la région rhénane, surtout à Strasbourg, au Neuhof, dans la Gansau, à Illkirch, Ostwald ; çà et là, dans les vallées des Vosges et du Jura. Propre au parterre et au sous-bois, en terre franche.

229. LITHOSPERMUM PURPUREO-CŒRULEUM, L. Gr. violet. *Purpurblauer Steinsame.* — Pl. de 30 à 60 cm.; à f. lancéolées ; à fl. bleu pourpre ; en mai, juin. Croît parmi les rocailles et les buissons des collines calcaires; assez abondamment à Westhalten, Soultzmatt, Ribeauvillé, Heiligenstein, Marlenheim, Westhoffen, Dorlisheim, Scharrachbergheim, Wolxheim ; en plaine, dans la Hardt, le Kastenwald; dans le Sundgau. Propre au parterre et à l'enrochement, en terre calcaire ou franche.

230. PULMONARIA OFFICINALIS, L. Pulmonaire officinale, Herbe aux poumons, Grande pulmonaire, Herbe au lait de Notre-Dame, Herbe cœur. *Arzneiliches Lungenkraut, Gefleckt Lungenkraut, Edel-Lungenkraut, Unserer lieben Frauen Milchkraut.* — Pl. de 15 à 30 cm.; à f. grandes, ovales, poilues, marquées souvent de taches blanchâtres ; à fl. rouge passant au bleu ; en mars, mai. Croît très communément dans les bois et les buissons de la plaine de Haguenau ; dans les Vosges. Propre au parterre, en terre franche et sous demi-couvert, dans l'enrochement ou les massifs arborescents.

231. PULMONARIA ANGUSTIFOLIA, Tabern.-L. P. à feuilles étroites. *Schmalblättriges Lungenkraut.* — Pl. de 15 à 20 cm.; à f. elliptiques ; à fl. rouges, puis bleues ; en mars, mai. Croît dans les bois, les buissons, les forêts; au Champ-du-Feu ; près de la ruine du Hohlandsperg ; sur le grès vosgien, à Bitsche ; dans le Jura sundgovien. Propre au parterre et à l'enrochement, en terre franche ou plus ou moins siliceuse et au besoin sous couvert.

232. PULMONARIA MOLLIS, Wolff. P. molle. *Zahrtes Lungenkraut.* — Pl. de 40 à 50 cm.; à f. plus développées que dans la précédente ; à fl. d'un beau bleu pourpre ; en avril, juin. Croît communément dans les bois et les forêts rocailleuses des Vosges, surtout dans les terrains porphyriques et euritiques (granwacke), depuis le Herrenfluch jusqu'au Ballon de Soultz ;

depuis Wasserbourg jusqu'au Hohstaufen et au Hohlandsperg ; assez commune sur le massif du Champ-du-Feu et dans le bassin de la Bruche, jusqu'à Holzheim. Propre au parterre et à l'enrochement, en terre siliceuse ou argilo-siliceuse.

Primulaceæ. PRIMULACÉES. *Schlüsselblumengewächse.*

Comme la précédente, cette famille se prête sans peine à la culture et nos jardins l'ont dès longtemps accueillie avec faveur.

233. PRIMULA OFFICINALIS, Jacq. Primevère officinale, Coucou. *Arzneilicher Himmelschlüssel, Aechte Schlüsselblümle, Wohlriechender Himmelsschlüssel.* — Pl. de 15 à 30 cm. ; à f. ovales, rugueuses, crénelées, pubescentes en-dessous ; à fl. jaune citron, à cinq taches safranées, odorantes ; en mars, avril. Croît dans les prairies, les pâturages, les bois graminaux, partout, dans la plaine et les vallées. Propre au parterre, à la bordure, à l'enrochement, en terre franche substantielle.

234. PRIMULA ELATIOR, Jacq. Pr. élevée, P. inodore. *Hoher Himmelschlüssel, Geruchloser- Grosser- Wald-Himmelschlüssel.* — Pl. de 15 à 30 cm. ; à f. ovales, rugueuses, crénelées, pubescentes en-dessous ; à fl. jaune soufre, inodores ; en avril, mai. Croît communément dans les prairies, les bois, les forêts de la plaine et des vallées ; près de Strasbourg, dans le bois d'Eckbolsheim. Propre au parterre ; convient encore à la bordure et à l'enrochement, en toute terre quelque peu compacte et au sous-bois.

235. LYSIMACHIA NUMMULARIA, L. Lysimaque nummulaire, Monnayère, Herbe aux écus. *Pfennigkraut, Egelkraut, Schlangenkraut, Nattergold, Münzblume.* — Pl. de 30 à 60 cm. ; à tiges couchées, radicantes ; à f. opposées, arrondies ; à fl. jaunes, axillaires ; en été. Très commune partout, dans les prés, les bois humides et graminaux, les bords des fossés. Propre au parterre et à l'enrochement, en terre franche.

236. LYSIMACHIA NEMORUM, L. L. des bois, Mouron jaune, Nummulaire des forêts. *Wald-Pfennigkraut, Hain-Friedlos, Gelbgauchheit.* — Pl. de 30 à 60 cm. ; à tiges couchées, radicantes ; à f. opposées, ovales, luisantes ; à fl. jaunes, axillaires ;

en été. Très commune dans les forêts feuillues et humides des Vosges, du Jura; dans la plaine de Haguenau. Propre surtout au sous-bois, dans les parties humides et en terre quelconque, de préférence un peu siliceuse.

237. LYSIMACHIA VULGARIS. L. L. commune, Herbe aux corneilles, Grande lysimaque jaune, Chasse bosse, Perce bosse. *Gemeiner Friedlos, Grosser gelber Weiderich*. — Pl. de 60 à 100 et parfois 150 cm.; à f. opposées ou verticillées, oblongues, pubescentes en-dessous; à fl. jaunes, en panicule; en juillet, août. Très commune sur les bords des fossés, dans les prairies et bois humides, marécageux. Propre au voisinage des pièces d'eau et dans les enrochements humides.

238. HOTTONIA PALUSTRIS, L. Hottone des marais, Mille feuille aquatique, Plumeau, Giroflée d'eau. *Sumpf-Wasserfeder, Wasser-Violen, Wasser-Lerkoie*. — Pl. aquatique émergée, de 20 à 40 cm.; à f. linéaires, immergées; à fl. lilas rose, à gorge jaune; en mai, juin. Croît dans les fossés aquatiques de la plaine; très abondante à Reichstett, vers les prairies, où elle couvre d'un tapis lilas tous les fossés; entre Hindisheim et Meistratzheim; rare à Lingolsheim et Eckbolsheim; abonde à Hœrdt, Haguenau, Ribeauvillé, Bischwiller, Wissembourg; dans les environs de Schlestadt; dans le Sundgau, à Huningue et Kembs. Propre aux pièces et cours d'eau à fond vaseux et peu profond.

Scrofularineæ. SCROFULARINÉES. *Braunwurzgewächse.*

Les Scrofularinées, aussi désignées sous le nom de PERSONÉES, sont ornementales au premier chef, mais les espèces les plus décoratives sont bisannuelles et seront en conséquence comprises avec les plantes annuelles, comme étant d'une durée restreinte.

239. DIGITALIS OCHROLEUCA, Jacq. (D. GRANDIFLORA, All.— D. AMBIGUA, Murr.). Digitale à grandes fleurs. *Blassgelber Fingerhut.* — Pl. de 60 à 130 cm.; à f. inférieures oblongues, pubescentes; à fl. jaune ochracé, assez grandes; en juin, août. Commune dans les Vosges supérieures; abonde souvent aussi dans les montagnse inférieures, de 500 à 600 m. d'altitude; dans les forêts, les es-

carpements, les rocailles du Jura sundgovien ; sur le grès vosgien, depuis Niederbronn et Bitsche, jusqu'à Wissembourg. Propre au parterre, comme à l'enrochement, en terre calcaire de préférence.

240. GRATIOLA OFFICINALIS, L. Gratiole officinale, Herbe au pauvre homme. Herbe de la grâce de Dieu. *Arzneiliches Gnadenkraut, Gottes Gnadenkraut.* — Pl. de 15 à 40 cm. ; à f. sessiles, oblongues, denticulées ; à fl. d'un blanc nuancé de rose, de lilas et de jaune ; en juin, juillet. Assez commune dans les prés humides et marécageux de la plaine rhénane, de Bâle à Strasbourg ; sur les bords de l'Ill, au-dessus du Murrhof ; à Colmar, dans les prés de Herrlisheim et les bords de la Fecht ; à Rouffach ; dans les prairies humides de Bollwiller, de Wattwiller ; rare dans les vallées des Vosges et du Jura ; peu commune dans la plaine de Haguenau. Propre à la décoration des rives, des parties d'eau, en terre franche.

241. LINARIA CYMBALARIA, L.-Mill. Cymbalaire, Linaire cymbalaire. *Epheublättriges Leinkraut, Cymbelkraut, Zymbelkraut.* — Pl. couchée, radicante, de 30 à 60 cm. ; à f. pétiolées, alternes, cordiformes, lobées ; à fl. lilas, très rarement entièrement blanches ; en avril, octobre. Croît sur les vieux murs ; à Huningue, Colmar, Barr, Strasbourg ; assez commune à Hagenau. Son indigénat est quelque peu douteux, mais elle a conquis son droit de cité, comme d'autres encore, venues, avec les eaux du Rhin, de la Suisse et peut-être même d'Italie, par les hauts plateaux. Propre à couvrir les enrochements, les murailles ; elle se multiplie souvent spontanément, à bonne exposition, jusque dans nos jardins.

242. LINARIA VULGARIS, Trag.-Mœnch. Linaire commune, Linaire. *Gemeines Leinkraut, Frauenflachs, Harnkraut, Krötenflachs.* — Pl. de 30 à 100 cm. ; à f. éparses, linéaires, glaucescentes ; à fl. jaune citron ; en juillet, octobre. Extrêmement commune dans les lieux vagues, arides, incultes, rocailleux, sur les bords des routes, des digues, etc., partout. Propre au parterre et à l'enrochement, en terre quelconque.

243. LINARIA STRIATA, Lam.-DC. Linaire rayée. *Gestreiftes*

Leinkraut. — Pl. de 30 à 50 cm.; à f. linéaires; à fl. violacées ou lilacines, à stries pourpres, à éperon blanchâtre; en juillet, septembre. Croît dans les lieux rocailleux de la grauwacke de la vallée de Saint-Amarin, à Goldbach, Geishausen, Mitzach, Wesserling, Urbès, Krutt, Wildenstein; sur le ballon de Giromagny; sur les collines calcaires de Sigolsheim. Propre au parterre et à l'enrochement, en terre siliceuse, graveleuse et à exposition chaude.

244. Veronica longifolia, L. (V. spuria, Pollich.—V. maritima, Herm.). Véronique à longues feuilles. *Langblättriger Ehrenpreis.* — Pl. de 60 à 130 et 150 cm.; à f. ovales, verticillées ou opposées par 3 ou 4; à fl. d'un beau bleu d'azur, rarement blanches ou roses; en juillet, août. Rare; croît dans les prairies humides et ombragées de la région ello-rhénane; entre Colmar et Herrlisheim, sur la digue de la Lauch; à Ebersmunster et Hilsenheim; à Strasbourg, entre le Neuhof et Ostwald, à la Gansau. Propre au parterre et à l'enrochement, en terre substantielle.

245. Veronica spicata, L. Véronique aux épis. *Aehrenblüthiger Ehrenpreis.* — Pl. de 15 à 30 cm.; à f. opposées, oblongues, crénelées; à fl. ordinairement bleues, rarement roses ou blanches; en juillet, août. Très commune dans les pâturages cailloux et ombragés de la région ello-rhénane; de Bâle à Strasbourg, dans le bois d'Ostwald; sur les collines calcaires sous-vosgiennes et sundgoviennes. Propre au parterre, au gazonnement, à l'enrochement, en premier plan, en terre franche et sous couvert aussi bien qu'à ciel libre.

246. Veronica latifolia, L. V. à larges feuilles. *Breitblättriger Ehrenpreis.* — Pl. de 30 à 80 cm.; à f. caulinaires sessiles, cordiformes, rugueuses, inégalement incisées, crénelées; à fl. d'un beau bleu d'azur, rarement roses, en épi axillaire; en mai, juin. Très commune dans la plaine supérieure et surtout sur les collines calcaires sous-vosgiennes; dans les pâturages boisés, au bord des routes, etc. Propre au parterre et à l'enrochement, en terre franche.

247. Veronica Teucrium, L. V. teucriette. *Teucrium's-Ehren-*

preis. — Pl. de 20 à 30 cm. ; variété du V. LATIFOLIA, ou forme plus ramassée ; à f. ovales, sessiles, dentées ; à fl. bleues ou rose pourpre ; en mai, juin. Très commune presque partout, dans les pâturages arides et caillouteux de la plaine et des collines calcaires. Propre au parterre, au massif gazonné, à l'enrochement, en terre quelconque, plutôt à exposition sèche.

248. VERONICA PROSTRATA, L. V. couchée. *Gestreckter Ehrenpreis*. — Pl. de 8 à 16 cm. ; forme mineure de la précédente ; à f. étroites, à bords révolutés ; à fl. bleues ou roses ; en mai. Assez commune dans les pâturages les plus arides de la plaine rhénane et des collines calcaires. Propre à former de jolis gazons, dans les parties les plus arides de l'enrochement, des talus, en terre franche.

249. VERONICA ANAGALLIS, L. V. mouron, Mouron d'eau. *Wasser-Ehrenpreis*. — Pl. aquatique, émergée, de 15 à 60 et 80 cm. ; à f. sessiles, ovales, dentées, un peu charnues ; à fl. bleues, rarement roses ou blanches ; en juin, août. Très commune dans tous les fossés aquatiques, sur les bords des étangs et des ruisseaux à cours lent de la plaine et des vallées. Propre à toutes les pièces d'eau.

250. VERONICA BECCABUNGA, L. V. beccabunga, Cressonière, Salade de chouette. *Bachbunger-Ehrenpreis, Bachbumbel*. — Pl. aquatique, de 30 à 60 cm. ; à tiges couchées, radicantes, les florifères ascendantes ; à f. pétiolées, ovales, crénelées, charnues, arrondies au sommet ; à fl. bleues ; en juin, août. Très commune dans les ruisseaux, les fossés aquatiques, le long des torrents, partout, dans la plaine et les vallées. Propre, comme la précédente, aux parties aquatiques.

251. VERONICA CHAMÆDRYS, L. V. petit chêne, Fausse germandrée, V. des bois, Faux petit chêne. *Gamander Ehrenpreis, Falsch Gamanderlein*. — Pl. de 30 à 40 cm. ; à f. ovales, crénelées ; à fl. bleues, rarement blanches ; en mai, juin. Extrêmement commune partout, dans les haies, les bois, les prés, les lieux ombragés et gramineux de la plaine et des montagnes. Propre au gazonnement des sous-bois, au parterre et à l'enrochement, en terre quelconque.

252. Veronica officinalis, L. V. officinale, Thé d'Europe, Véronique vraie. *Arzneilicher Ehrenpreis, Aechter, wahrer Ehrenpreis.* — Pl. de 15 à 30 cm.; à tiges couchées, radicantes, ascendantes vers le sommet; à f. velues, grisâtres, ovales, dentées; à fl. lilas ou bleu clair ou blanchâtres, à veines rosées ou purpurines; en juin, août. Très commune dans les bois et les forêts, sur les bords des chemins, dans les lieux ombragés, dans les pâturages, les lieux vagues et rocailleux de la plaine et des vallées. Propre à couvrir les massifs d'arbres et d'arbustes, à l'enrochement, dans les parties ombragées, en toute terre.

Utriculariæ. Utriculariées. *Wasserschlauchgewächse.*

Cette famille porte encore le nom de Pinguiculacées. Une espèce unique.

253. Utricularia vulgaris, L. Utriculaire commune, Lentibulaire. *Gemeiner Wasserschlauch, Schlauchkraut.* — Pl. aquatique, de 15 à 30 cm.; à f. immergées, en lanières déchiquetées, munies de vésicules remplies d'eau ou d'air; à fl. jaune vif; en juin, juillet. Croît dans les eaux stagnantes, surtout des tourbières; assez commune dans presque toute la région ello-rhénane; à Huningue, Éguisheim; commune à Haguenau et environs; entre Wissembourg et Lauterbourg. Propre aux eaux à fond tourbeux, vaseux.

Labiatæ. Labiées. *Lippenblümler.*

254. Mentha rotundifolia, L. Menthe à f. rondes, Baume sauvage, B. blanc, Menthe crépue. *Rundblättrige Minze, Wilde Minze, Wilder gemeiner Balsam.* — Pl. aromatique, de 40 à 80 cm.; à f. sessiles, ovales, crénelées, rugueuses, à odeur aromatique très forte; à fl. roses ou lilas pâle; en juillet, août. Très commune le long des chemins, dans les lieux vagues, presque partout. Propre à couvrir les talus arides, en toute terre.

255. Mentha sylvestris, L. M. sauvage. *Wald-Minze.* — Pl. de 40 à 120 cm.; à f. courtement pétiolées, ovales, dentées,

souvent glabres (M. VIRIDIS) ; à fl. lilacines ; en juillet, août. Assez commune sur les bords des ruisseaux et des torrents, dans les vallées granitiques ; dans les vallées de Munster, de Guebwiller, de Saint-Amarin. La forme crispée est rare et croît au bord des torrents et des ruisseaux ; à Düsenbach, derrière Ribeauvillé ; à Metzeral, dans la vallée de Munster, près du confluent des deux torrents ; aux environs de Sarrebourg, de Bitsche. Propre à l'enrochement, en lieu humide et terre siliceuse, granitique.

256. MENTHA PULEGIUM, L. M. pouillot, Herbe aux puces, Herbe de Saint-Laurent, Pouliot. *Polei-Minze.* — Pl. de 15 à 30 cm. ; à f. pétiolées, ovales, dentées ; à fl. lilas ou rougeâtres ; en juillet, septembre. Croît dans les lieux vaseux et humides, sur les grèves sablonneuses inondées, marécageuses, sur les bords des étangs, des fossés ; extrêmement commune dans la région rhénane et dans les vallées. Propre au voisinage des pièces d'eau, en terre quelconque.

257. LYCOPUS EUROPÆUS, L. Lycope d'Europe, Lance du Christ, Chanvre d'eau, Marrube aquatique, Pied de loup. *Gemeiner Wolfsfuss, Wolfstrapp, Wasserandorn.* — Pl. de 60 à 120 cm. ; à f. oblongues, incisées, dentées ; à fl. blanchâtres ; en été. Très commune sur le bord des chemins et des routes, des haies, des rivières, dans les lieux vagues et humides. Propre aux abords des parties aquatiques.

258. AJUGA REPTANS, L. Bugle rampante, Consoude moyenne. *Kriechender Günsel, Guldengünsel, Weidengünsel, Zapfenkraut.* — Pl. gazonnante, de 10 à 30 cm. ; à f. inférieures ovales, entières, étalées en rosette ; à fl. bleues, roses ou blanches ; en avril, juin. Extrêmement commune dans les prés, les bois, les champs humides de la plaine et des montagnes. Propre aux enrochements humides ; comporte le couvert, en toute terre.

259. AJUGA MONTANA, Riv. (AJUGA GENEVENSIS, L., A. ADULTERINA, Wall.). Bugle de Genève. *Behaarter Günsel.* — Pl. de 10 à 30 cm. ; à f. ovales, oblongues, grossièrement dentées, les florales entières, colorées bleuâtres ; à fl. bleues, roses ou blanches ; en mai, juin. Croît très communément dans les pâtu-

rages, sur les pelouses, berges, de la région rhénane, des collines calcaires et des montagnes granitiques, jusqu'à 600 m. d'altitude. Propre à l'enrochement, en terre légère ou siliceuse.

260. TEUCRIUM SCORODONIA, L. Germandrée, G. sauvage, Faux scordium, Sauge des montagnes, S. des bois. *Salbeiblättriger Gamander, Berg-Salbei, Wald-Salbei.* — Pl. suffrutescente, de 30 à 80 cm.; à f. pétiolées, ovales, rugueuses, crénelées; à fl. jaune blanchâtre; en juillet, août. Extrêmement commune dans les rocailles, les bois et les forêts des Vosges, du Jura; souvent aussi en plaine; à Haguenau, Brumath, Eckbolsheim. Propre à l'enrochement et sous couvert, en terre siliceuse; convient encore en massif ou en bordure.

261. TEUCRIUM CHAMÆDRYS, L. G. petit chêne, Chenette, Thériaque d'Angleterre. *Gemeiner Gamander, Gamanderlein, Bothengel, Erdeiche, Edel-Gamander, Blamanderle.* — Pl. suffrutescente, de 15 à 30 cm.; à touffe gazonnante; à f. ovales, grisâtres en-dessous, à odeur aromatique; à fl. ordinairement purpurines, rarement blanches; en juin, juillet. Croît dans les lieux arides, caillouteux, pierreux ou rocailleux de la plaine rhénane, jusqu'à Strasbourg, sur les fortifications de la Citadelle, au Neuhof, à Ostwald; abonde surtout dans les collines calcaires sous-vosgiennes, sundgoviennes; souvent aussi sur le granit, le gneiss et l'eurite. Propre à garnir les rocailles, à former de beaux tapis gazonnés, en terre franche.

262. SALVIA PRATENSIS, L. Sauge des prés, S. sauvage. *Wiesen-Salbei, Wilder Salbei.* — Pl. de 60 à 80 cm.; à f. ovales, tronquées en cœur à la base, rugueuses; à fl. ordinairement bleues, rarement roses ou blanches; en mai, juin. Croît très communément dans toutes les prairies. Propre au parterre, au massif et à l'enrochement, en terre franche substantielle.

263. MARRUBIUM VULGARE, L. Marrube commun, Marrube, M. blanc. *Gemeiner Andorn, Weisser Andorn, Gottesvergess.* — Pl. de 30 à 50 cm.; tomenteuse, blanchâtre; à f. ovales, rugueuses; à fl. blanches; en été. Croît communément sur les bords des routes, dans les lieux vagues, les décombres. Propre au parterre, à l'enrochement, en toute terre et à exposition chaude, au besoin.

264. Calamintha officinalis, Mœnch. Calament officinal, C. de montagne, Calaminthe, Baume sauvage, Menthe des montagnes. *Arzneiliche Bergminze.* — Pl. très aromatique, de 30 à 80 cm.; à f. largement ovales, de 3 à 4 cm., dentées, pubescentes; à fl. rose pourpre; en juillet, septembre. Croît dans les haies, les buissons, les bois rocailleux; commune dans le Kastenwald et la Hardt; dans les Vosges granitiques et porphyriques; à Thann, Guebwiller, Soultzbach, Munster, Ribeauvillé, Wasselonne; dans le Sundgau, à Ferrette, Delle. Propre à l'enrochement, sous demi-couvert, en toute terre, de préférence cependant en terre de bruyère.

265. Calamintha Clinopodium, Spenn. C. clinopode, Roulette, Pied de lit, Grand basilic sauvage, Grand origan. *Wirbeldost, Wirbelborste, Grosse Wirbeldoste.* — Pl. de 30 à 60 cm.; à f. ovales, pubescentes; à fl. purpurines, rarement roses ou blanches; en juillet, septembre. Croît très communément dans les haies, les buissons, les bois, les bords des chemins, dans les rocailles, etc. Propre au parterre et à l'enrochement, sous demi-couvert et en toute terre.

266. Origanum vulgare, C. Gesner.-L. Origan commun, Origan, O. sauvage, Marjolaine sauvage, M. bâtarde, M. d'Angleterre. *Gemeiner Dosten, Braune Doste, Wohlgemuth, Orant.* — Pl. de 30 à 60 et 80 cm.; à f. ovales, un peu sinuées, dentées; à fl. purpurines ou roses, rarement blanches; en juillet, septembre. Croît partout, dans les haies, les buissons, les lieux incultes et rocailleux de la plaine et des vallées; extrêmement répandue. Propre à l'enrochement, en terre quelconque et convient aux endroits arides.

267. Thymus serpyllum, L. Thym serpolet, Serpolet, Thym sauvage. *Feld-Thymian, Quendel, Wilder Poley, Geisen-Majoran.* — Pl. suffrutescente, en touffe gazonnante; à f. planes, entières, vertes; à fl. purpurines, roses ou blanches; en juillet, septembre; à formes variables. La forme majeure est très commune partout, dans les lieux arides, vagues, les bois, les bruyères, les pâturages. La variété à f. étroites croît dans les sables du grès vosgien et de la plaine de Haguenau. La forme cotonneuse

pousse dans les rocailles des collines calcaires; à Ingersheim, Sigolsheim; dans le Sundgau. La variété à odeur de citron vient dans les bruyères, sur le bord des bois. Le type panaché, malingre, est aussi très commun. Toutes ces variétés conviennent à l'enrochement, dans les parties arides, servent aussi de bordure et forment des massifs de verdure que l'on peut disposer en forme de tapis, par une taille suivie; toute terre leur est bonne.

268. NEPETA CATARIA, L. Népéta chataire, Herbe aux chats. *Gemeine Katzenminze.* — Pl. de 60 à 130 cm., à forte odeur; à f. cordiformes, dentées, grisâtres, pubescentes; à fl. blanches, ponctuées de rouge; en juin, août. Croît sur les bords des routes, des haies, des buissons; çà et là, dans toute la plaine d'Alsace; assez commune aux environs de Colmar, de Strasbourg, à la Robertsau, à Ostwald. Propre à l'enrochement, sous demi-couvert, au besoin et en toute terre.

269. GLECHOMA HEDERACEA, L. (NEPETA GLECHOMA, Benth.). Gléchome lierre terrestre, G. à feuille de lierre, Courroie de Saint-Jean, Lierre terrestre, Terrate. *Gundermann, Gundelreb, Erdepheu.* — Pl. de 10 à 30 cm.; à tiges couchées, rampantes et rameuses à la base, les redressées simples; à f. orbiculaires, cordiformes, pétiolées, crénelées; à fl. bleues, rarement blanches; en mars, juin. Croît partout, dans les haies, les buissons, les bois, les prés, les champs. Propre au gazonnement des parties ombragées, à l'enrochement, en toute terre.

270. MELITTIS MELISSOPHYLLUM, L. Mélitte à feuilles de mélisse, Mélitte des bois, Mélisse des montagnes, Herbe sacrée. *Melissenblättriges Immenblatt, Bergmelissen, Grieskraut.* — Pl. de 30 à 50 cm.; la plus belle de nos labiées, mais à odeur peu agréable; à f. ovales, rugueuses, molles, crénelées; à fl. très grandes, roses ou purpurines, simples ou géminées, aux aisselles des feuilles; en mai, juin. Croît assez communément dans les Vosges granitiques et euritiques inférieures; au Hohlandsperg, à Soultzbach, Munster, Kaysersberg, Ribeauvillé, jusqu'à 500 m. d'altitude; sur les collines calcaires sous-vosgiennes, depuis Guebwiller jusqu'à Barr, au Ruppelsholz; sur les collines

sundgoviennes, sur le calcaire jurassique; en plaine, dans la Hardt. Propre au parterre, au massif et à l'enrochement, en terre franche substantielle.

271. SCUTELLARIA GALERICULATA, L. Toque tertianaire, Toque bleue, T. des marais. *Gemeines Helmkraut, Fieberkraut.* — Pl. de 15 à 50 cm.; à f. subsessiles, oblongues, denticulées, à odeur d'ail; à fl. bleuâtres; en juin, août. Très commune le long des rivières, des fossés, dans les fentes des murs baignés par les eaux, presque partout. Propre au voisinage des pièces d'eau et dans les enrochements humides ou lavés par l'eau, en toute terre.

272. BRUNELLA GRANDIFLORA, L.-Mœnch. Brunelle à grandes fleurs. *Grossblumige Brunelle.* — Pl. gazonnante, de 20 à 30 cm.; à f. ovales, entières ou dentées; à fl. en épi court et terminal, ordinairement pourpres, rarement roses ou blanches; en juillet, août. Croît très communément dans les pâturages secs et boisés de la région ello-rhénane, des collines calcaires sous-vosgiennes, sundgoviennes; rare dans le grès vosgien et dans la plaine de Haguenau. Propre au parterre, à la bordure, au gazonnement, sous couvert et aux endroits secs, en terre franche de préférence.

273. LAMIUM ALBUM, Tabern. Lamier blanc, Ortie morte, Ort. blanche. *Weisse Taubnessel, Weisse Sengesselblust, Honig-blümle, Sugerle, Zahme weisse Taub-Nessel.* — Pl. de 30 à 60 cm.; à tiges droites; à f. cordiformes; à fl. blanches, en verti-cilles; en avril, mai. Croît dans les haies, les buissons, sur les bords des chemins, près des murs et partout extrêmement com-mune. Propre au parterre, au sous-bois et à l'enrochement, en terre quelconque.

274. LAMIUM MACULATUM, L. L. taché. *Gefleckte Taubnessel.* — Pl. de 30 à 60 cm.; à f. cordiformes, souvent marquées au milieu d'une tache oblongue blanche; à fl. purpurines, rarement blanches; en mars, juin. Croît très communément dans les mêmes localités que le Lamier blanc. Propre au parterre, aux parties ombragées des massifs et des enrochements, en toute terre.

275. GALEOBDOLON LUTEUM, Smith. (LAMIUM GALEOBDOLON,

Crantz). L. galeobdolon, Ortie jaune. *Gelbe Taubnessel, Gold-nessel, Waldnessel, Gelbe Waldnessel, Gelbe Sugerle.* — Pl. de 15 à 50 cm. ; à tiges droites, émettant quelquefois à sa base de longs rejets couchés ; à f. ovales, velues ; à fl. d'un beau jaune ; en avril, mai. Croît très communément dans les haies, les buissons, les bois, etc., surtout dans les vallées, le long des ruisseaux, dans les lieux humides. Propre au parterre et convient encore à l'enrochement, au bord de l'eau, en terre quelconque et sous couvert.

276. LEONURUS CARDIACA, L. Agripaume cardiaque, Agripaume, Agrimaume, Cardiaque. *Gemeiner Löwenschwanz, Herzgespann.* — Pl. de 60 à 130 cm. ; à f. inférieures palmati-lobées, à segments dentés, entiers dans les supérieures ; à fl. en verticilles axillaires serrés, roses ou purpurines, à lèvre inférieure tachée de jaune ; en été. Croît dans les haies, sur les bords des chemins et des chaussées, presque partout ; dans la plaine rhénane et dans les vallées ; à Strasbourg, très commune à la Robertsau. Propre au parterre et à l'enrochement, en toute terre et aux endroits ingrats.

277. STACHYS SYLVATICA, Riv. Épiaire des bois, É. puante, Grande épiaire des bois. *Wald-Ziest, Grosse stinkende Wald-nessel.* — Pl. de 60 à 100 cm. ; à odeur fétide ; à f. en cœur, crénelées, pubescentes ; à fl. en épi terminal non feuillé, purpurines, brunes ; en juin, juillet. Croît dans les bois, les forêts, les buissons, les haies et partout extrêmement commune. Propre aux massifs arborescents, comme couverture, en toute terre.

278. STACHYS PALUSTRIS, Riv. Épiaire des marais. *Sumpf-Ziest, Andorn.* — Pl. de 40 à 120 cm. ; à f. sessiles, oblongues, crénelées, pubescentes ; à fl. en épi verticillé, rouges, à veines blanchâtres ; en été. Croît dans les prés, les champs humides, sur les bords des ruisseaux, des rivières, des canaux et partout excessivement commune. Propre à garnir les fossés et endroits humides, mais se déplace spontanément de quelques mètres, particularité dont il faut tenir compte.

279. STACHYS RECTA, L. É. redressée, Crapaudine. *Gerader Ziest, Abnehmkraut, Berufkraut, Glied-Beschreikraut.* — Pl.

de 30 à 60 cm.; à f. oblongues, rugueuses, crénelées; à fl. en épi, blanc jaunâtre, veinées de stries ou points pourpres; en juin, août. Très commune dans les lieux graminoux secs, arides, boisés ou rocailloux de la plaine, des collines et des montagnes inférieures. Propre au parterre et à l'enrochement, en toute terre et aux endroits desséchés.

Globulariæ. GLOBULARIÉES. *Kugelblumengewächse*.

280. GLOBULARIA VULGARIS, Tfl.-L. Globulaire commune. *Gemeine Kugelblume*. — Pl. de 10 à 30 cm.; à f. caulinaires sessiles, ovales, entières; à fl. à tête globuleuse et terminale, bleuâtres; en mai, juin. Croît assez communément dans les pâturages caillouteux, graminoux et ombragés de la plaine cllorhénane, de Bâle à Strasbourg; au Polygone, au Neuhof, à la Gansau, à Illkirch, Ostwald; abonde sur toutes les collines calcaires sous-vosgiennes et sundgoviennes. Propre au parterre, mais surtout à l'enrochement, au premier plan, en terre franche.

Polygoneæ. POLYGONÉES. *Knöterichgewächse*.

281. RUMEX HYDROLAPATHUM, Hudson. Rumex à longues feuilles, Grande patience des eaux ou des marais, Parelle des marais. *Fluss-Ampfer, Weyer-Ampfer, Butterweckelkraut*. — Pl. de 100 à 240 cm.; à f. lancéolées, entières, de 80 à 100 cm., larges de 10 à 15 cm.; à fl. vert brunâtre, verticillées en panicule terminal; en juillet, septembre. Croît très communément sur les bords des rivières, surtout de l'Ill, des étangs et des fossés aquatiques, dans toute la région rhénane; dans les fossés des fortifications de Strasbourg; à Haguenau. Propre aux abords des pièces d'eau, en terre franche, dans les îlots ou les sinuosités d'un ruisseau, pour en accentuer les accidents ou les détours.

282. RUMEX MAXIMUM, Schreb. R. gigantesque. *Riesen-Ampfer*. — Pl. de 200 cm., ressemblant à la précédente; à f. inférieures oblongues, lancéolées, arrondies, tronquées ou cordées à la base; à fl. vert brunâtre; en août, septembre. Rare; à

Ingweiler. Propre aux bords des eaux, dans les conditions précédentes.

283. POLYGONUM BISTORTA, L. Renouée bistorte, Bistorte, Serpentière, Couleuvrée, Andrelles (au Ban de la Roche). *Natterwurz, Knöterich, Schaafzungen.* — Pl. de 30 à 60 et 100 cm.; à f. inférieures de 30 à 40 cm. sur 6 à 8 cm. de largeur, en cœur à la base et décurrentes sur un long pétiole, glauques en-dessous; à fl. roses, en épi serré, cylindrique et terminal; en mai, juillet. Croît très abondamment dans les prairies et pâturages des Vosges et du Jura; peu commune dans la plaine, sauf dans celle de Haguenau. Propre à l'enrochement, en terre franche ou siliceuse et aux endroits humides.

284. POLYGONUM AMPHIBIUM, L. R. amphibie. Persicaire aquatique. *Ortwechselnder Knöterich, Spitziger Wasserpfeffer, Sommerlack.* — Pl. tantôt nageante, tantôt terrestre; à f. oblongues, glabres; à fl. roses, en épi serré, cylindrique et terminal; en été et automne. La forme aquatique est très commune dans les rivières et étangs de la plaine rhénane; la forme terrestre, dans les prairies humides et marécageuses, sur les bords des rivières. Propre à l'immersion, dans les ruisseaux, sur fond siliceux ou vaseux et à la bordure des pièces d'eau, en terre quelconque.

Aristolochieæ. ARISTOLOCHIÉES. *Osterluzeigewächse.*

285. ASARUM EUROPEUM, L. Asaret d'Europe, Cabaret, Rondelle, Oreillette, Oreille d'homme, Nard sauvage. *Europäische Haselwurz, Haselwurz.* (V. aussi fam. des ASARACÉES, Kirschl.) — Pl. traçante, à f. complètes, pétiolées, coriaces, cordiformes, arrondies, larges de 3 à 6 cm., très luisantes; à fl. brun pourpre, de 2 cm. de long sur 1 cm. de large; en mars, mai. Croît dans les bois de la plaine rhénane, des collines calcaires et des montagnes inférieures et supérieures, presque partout; nulle part plus commune que dans le Bienwald, entre Wissembourg et Lauterbourg; à Strasbourg, dans les bois d'Illkirch et de la Gansau; à Plobsheim, à Benfeld; rare dans la forêt de Haguenau; dans la forêt de Brumath; dans les bois, à Bouxwiller, Barr, Ribeau-

villé, Munster, Guebwiller; dans les forêts de la Hardt et du Kastenwald. Propre aux parties ombragées des massifs, de l'enrochement, en terre siliceuse.

Euphorbiaceæ. Euphorbiacées. *Wolfsmilchgewächse*.

286. Euphorbia verrucosa, Lam. Euphorbe à verrues. *Warzige Wolfsmilch*. — Pl. de 30 à 50 cm.; à f. oblongues, sessiles, pubescentes en-dessous; à fl. en ombelle, jaune assez vif; en mai, juin. Croît très communément dans les lieux secs et gramineux de la plaine ello-rhénane, d'Huningue à Strasbourg; sur les glacis, au Neuhof, à la Gansau, à Ostwald; très fréquemment sur les collines calcaires sous-vosgiennes, sundgoviennes; dans les vallées des Vosges, à Saint-Amarin, dans les prairies, surtout près Wesserling. Propre à l'enrochement, en terre franche.

287. Euphorbia Gerardiana, Jacq. E. de Gérard. *Gerard's-Wolfsmilch*. — Pl. de 30 à 40 cm.; à f. glauques, glabres, linéaires, entières; à fl. oranges; en été. Croît très communément dans les pâturages caillouteux de la région rhénane, depuis Huningue; très abondante aux environs de Brisach, de Strasbourg, à la Robertsau, au Polygone, au Neuhof, à Ostwald, Eschau. Propre à l'enrochement, en terre graveleuse.

288. Euphorbia Cyparissias, L. E. petit cyprès, Tithymale commun. *Cypressen-Wolfsmilch, Gemeine Teufelsmilch*. — Pl. de 15 à 30 cm.; à f. vertes, alternes, linéaires; à fl. jaune cire; en avril, juillet. Extrêmement commune dans les lieux vagues, incultes, sur le bord des routes. Propre à l'enrochement, en terre graveleuse et aux endroits arides.

289. Euphorbia sylvatica, Jacq. E. des forêts. *Wald-Wolfsmilch*. — Pl. de 30 à 80 cm., presque suffrutescente, à odeur fétide; à f. oblongues, pubescentes, persistantes pendant l'hiver; à fl. jaunes, brunes ou rouge pourpre; en mai, juillet. Croît dans les bois et forêts rocailleuses de la plaine rhénane, depuis Huningue jusqu'à Rhinau; surtout entre Neuf-Brisach et Marckolsheim; dans la Hardt, le Kastenwald; commune dans la vallée de Saint-Amarin et dans celle de la Bruche, surtout

au Nideck ; sur le muschelkalk, entre Sarrebourg et Phalsbourg, aux environs de Wasselonne ; commune dans le Sundgau
et le Jura. Propre à l'enrochement ou au sous-bois, en terre
graveleuse ou franche.

Hydrocharideæ. HYDROCHARIDÉES. *Froschbissgewächse.*

290. HYDROCHARIS MORSUS RANÆ, L. Morrène aquatique.
Gemeiner Froschbiss. — Pl. aquatique ; à f. fasciculées, orbiculaires, longuement pétiolées, flottantes ; à fl. dioïques,
blanches ; en été. Très commune dans tous les fossés aquatiques
et les petits étangs de la région rhénane ; rare dans les vallées
et les montagnes des Vosges. Propre aux pièces d'eau, par
groupes, où elle produira tout son effet.

Alismaceæ. ALISMACÉES. *Froschlöffelgewächse.*

291. ALISMA PLANTAGO, L. Alisma plantain, Fluteau, Pain
de grenouille, Plantain d'eau. *Gemeiner Froschlöffel.* — Pl. de
30 à 100 cm. ; à f. radicales longuement pétiolées, en cœur,
lancéolées, émergées ; à fl. lilas, en verticilles assez écartés ;
en juillet, août. Croît dans les fossés aquatiques, les petits étangs,
les flaques d'eau, presque partout. Propre aux pièces d'eau quelconques, dans lesquelles elle sera toujours d'un heureux décor.

292. SAGITTARIA SAGITTIFOLIA, L. Sagittaire flèche d'eau.
Gemeines Pfeilkraut. — Pl. de 40 à 100 cm. ; à f. inférieures
immergées, largement graminoïdes, celles qui suivent longuement pétiolées, en forme de fer de flèche, à lobes lancéolés,
pointus, à hampe portant deux ou trois verticilles pauciflores ; à
fl. monoïques, blanches, à tache rose pourpre à la base ; en juin,
août. Croît dans les eaux courantes et stagnantes ; abonde dans
la région rhénane, à Colmar, surtout à Strasbourg, dans l'Ill,
dans les canaux à cours un peu rapide ; dans le Sundgau, à
Huningue, à Ferrette. Propre au bord des pièces d'eau, plus ou
moins immergée, en terre franche graveleuse.

Butomeæ. BUTOMÉES. *Schwanenblumengewächse.*

Compris parfois aussi dans la famille des ALISMACÉES, le genre Butòme est très décoratif.

293. BUTOMUS UMBELLATUS, L. Butòme en ombelle, Jonc fleuri. *Gemeiner Wasserliesch.* — Pl. de 60 à 130 cm.; à f. trigones; à fl. rosées, en ombelle; en juin, août. Croît très communément dans les lieux aquatiques, les rivières, les fossés, les étangs, les canaux de la région rhénane; abonde dans l'Ill, à Strasbourg. Propre à toutes les parties d'eau, celles à fond vaseux de préférence, la base étant toujours immergée.

Potameæ. POTAMÉES. *Nixenkrautgewächse.*

294. POTAMOGETON NATANS, L. Potamot nageant. *Schwimmendes Laichkraut, Letsch ou Lock.* — Pl. aquatique; à f. nageantes, ovales, longues de 8 à 13 cm., larges de 4 à 7 cm., coriaces et de couleur souvent vert rougeâtre ou brunâtre; à fl. verdâtres, en épi, hors de l'eau; en juin, juillet. Croît très communément dans les rivières de la plaine, dans les étangs et dans les lacs des Vosges. Propre aux pièces d'eau.

Orchideæ. ORCHIDÉES. *Knabenkräuter.*

Presque tous les représentants de cette curieuse famille méritent l'attention de l'amateur. Leur culture est généralement très délicate, car ces plantes ne sont guères apparentes qu'au moment de leur floraison, époque peu favorable à leur transplantation. Cependant, en ayant soin d'enlever, sans blessures, la racine, ordinairement bulbeuse, et en tenant les sujets en pots jusqu'à reprise, à l'exposition du nord, on pourra les cultiver avec quelque succès.

295. ACERAS ANTHROPOPHORA, L.-R. Br. Aceras homme pendu. *Menschenähnliches Ohnhorn.* — Pl. de 20 à 40 cm.; à bulbes entiers, ovoïdes, arrondis; à deux f. inférieures squameuses; à fl. vert jaunâtre, à stries roussâtres; en mai, juin.

Croît sur les collines calcaires, herbeuses, sous-vosgiennes, les collines du lœss, du Sundgau ; çà et là, dans la plaine ello-rhénane ; assez commune à Dorlisheim, Mutzig, Obernai, Barr, au Ruppelsholz, Wasselonne, Wolxheim, Mundolsheim, Achenheim, Hangenbieten, Sigolsheim, Ingersheim. Propre à l'enrochement, en terre franche et à exposition ensoleillée.

296. HIMANTOGLOSSUM HIRCINUM, L.-Spreng. (ACERAS HIRCINA, Lindl., ORCHIS HIRCINA, Scop.). A. à odeur de bouc. *Bocks-Knabenkraut*. — Pl. de 30 à 80 cm. ; à très gros bulbes, ovoïdes, entiers ; à f. inférieures étalées, jaunies ou pâles ; à fl. vert rosé, à odeur de bouc très forte ; en mai, juin. Assez commune dans les pâturages gramineux, ombragés ou non, de la plaine rhénane supérieure, dans les collines calcaires sous-vosgiennes, sundgoviennes ; peu commune ou rare dans les terrains siliceux et arénacés de la plaine rhénane inférieure ; Hardt, Kastenwald, Wissembourg, au Wurmberg. Propre à l'enrochement, en terre calcaire ou franche, sous couvert ou en plein soleil.

297. ANACAMPTIS PYRAMIDALIS, L. (ACERAS PYRAMIDALIS, Rchb. ORCHIS PYRAMIDALIS, L.). Aceras pyramidal. *Pyramidenförmiges Knabenkraut*. — Pl. de 30 à 50 cm. ; à bulbes entiers, globuleux ; à f. lancéolées, linéaires ; à fl. en épi court, conique, très serré, d'un beau rouge carmin pourpre, rarement roses ou blanches ; en mai, juin. Peu commune ; croît dans les bois gramineux et pelouses de la plaine rhénane et des collines calcaires ; rare dans les Vosges granitiques et porphyriques ; collines du Sundgau, Mulhouse, Soultzmatt, Ingersheim, Florimont, Sigolsheim, Barr, Dorlisheim, Wolxheim, Niederbronn ; vallée de la Bruche, à Haslach. Propre à l'enrochement, en terre franche, à bonne exposition.

298. ORCHIS FUSCA, Jacq. (O. PURPUREA, Huds.). Grande orchis militaire, Orchis pourpre. *Grosses Knabenkraut, Grossstendelwurz, Kuhblume.* — Pl. de 60 à 80 cm.; à très gros bulbes entiers, ovoïdes, allongés ; à f. très grandes et oblongues ; à fl. brun pourpre foncé ; en mai. Assez commune dans les pâturages boisés de la plaine rhénane, sur les collines sous-vosgiennes,

sundgoviennes, rarement dans les terrains granitiques et euritiques à gazon compact; très rare ou nulle dans les terrains arénacés du grès vosgien; abonde à Strasbourg, dans les bois d'Illkirch, du Neuhof, de la Gansau. Propre à l'enrochement, en terre franche, sous demi-couvert.

299. ORCHIS JACQUINI, Godr. (O. PURPUREA I, Huds.). Orchis de Jacquin. *Jacquin's Knabenkraut.* — Pl. présentant la forme intermédiaire entre l'O. FUSCA et l'O. CINEREA; à fl. pourpre violacé pâle; en avril, mai. Croît dans les bois gramineux; assez commune dans les bois d'Illkirch, de la Gansau, etc. Propre à l'enrochement, en terre franche.

300. ORCHIS CINEREA, Schrank. (O. MILITARIS, L., O. GALEATA, Lam.). Orchis militaire. *Soldaten Knabenkraut.* — Pl. de 30 à 60 cm.; à bulbes entiers, ovoïdes; à trois f. vert pâle; à fl. gris blanchâtre; en avril, mai. Extrêmement commune dans les pâturages nus ou peu boisés, dans toute la région rhénane, sur les collines calcaires sous-vosgiennes, sundgoviennes; rare dans les terrains granitiques et arénacés; abonde aux environs de Strasbourg, jusque sur les glacis; assez commune dans la plaine de Haguenau. Propre à l'enrochement, en terre franche, à découvert.

301. ORCHIS SIMIA, Lam. Orchis singe. *Affen-Knabenkraut.* — Pl. de 30 à 50 cm., très voisine de l'O. CINEREA; à fl. blanches, à points rouges, se distingue par les divisions du labelle très étroites, divergentes et dirigées en haut; en mai. Rare; sur les collines calcaires sous-vosgiennes et en plaine; Sigolsheim, Ingersheim, Wintzenheim, Westhalten, Hardt. Propre à l'enrochement, en terre franche, à découvert.

302. ORCHIS USTULATA, L. O. brûlé. *Kleinblüthiges Knabenkraut. Angebrannt K., Kleinstendelwurz.* — Pl. de 15 à 30 cm., véritable miniature de l'O. FUSCA; à bulbes entiers; à f. inférieures oblongues; à fl. pourpre noir; en mai, juin. Très commune dans les prairies et les pâturages de la plaine rhénane, des collines calcaires et des montagnes siliceuses; assez rare dans la plaine de Haguenau. Propre à l'enrochement, en terre de bruyère de préférence, à toute exposition aride.

303. Orchis globosa, L. O. globuleux. *Kugeliges Knabenkraut.* — Pl. de 30 à 50 cm. ; à bulbes entiers, ovoïdes, oblongs ; à f. glaucescentes, érigées, oblongues, lancéolées ; à fl. rose incarnat ou légèrement purpurin, en épi globuleux, très dense ; en juin, juillet. Plante alpestre, descendant rarement dans les vallées ; Ballon de Guebwiller ; assez commune dans les escarpements du Hohneck, du Rotabac, du Ballon de Giromagny ; dans le Jura sundgovien. Propre à l'enrochement, en terre de bruyère, à exposition très aérée ; de culture délicate.

304. Orchis coriophora, L. O. punaise. *Wanzen-Knabenkraut.* — Pl. de 20 à 30 cm. ; à bulbes entiers, arrondis, assez petits ; à f. lancéolées, linéaires, de 10 à 12 cm., sur 8 à 11 mm. de large ; à fl. à odeur de punaise très manifeste, brun purpurin ; en mai, juin. Peu répandue ; croît dans les prairies humides de la région rhénane et des vallées des Vosges et du Sundgau ; assez commune dans les prés, derrière Mutzig, sur les bords de la Bruche, à Barr, Nothalten, Wasselonne, Turckheim, Wintzenheim, Soultzbach et ailleurs dans la vallée de Munster ; Colmar, Herrlisheim, Éguisheim, Rouffach, Strasbourg, près Lingolsheim, Plobsheim, Osthoffen. Propre à l'enrochement, en terre franche.

305. Orchis morio, L. O. bouffon, Couillon de chien. *Gemeines Knabenkraut, Klein- Stendel-Knabenwurz.* — Pl. de 10 à 30 cm. ; à bulbes entiers, sphériques ; à f. oblongues, lancéolées ; à fl. pourpres, roses ou rarement blanches ; en avril, mai. Très commune dans les prés, pâturages, lieux vagues, partout. Propre à l'enrochement, en terre franche, à toute exposition plus ou moins sèche.

306. Orchis mascula, L. O. mâle, Grand couillon mâle. *Männliches Knabenkraut, Gross- Stendel-Knabenwurz.* — Pl. de 30 à 50 cm. ; à gros bulbes, entiers, sphériques ; à f. oblongues, lancéolées, ordinairement tachetées de points noir pourpre ; à fl. purpurines, rarement roses ou blanches, en épi très allongé ; en avril, mai. Abonde dans les prés et les pâturages des vallées des Vosges et du Jura ; rare ou nulle dans la plaine rhénane, mais commune dans la plaine de Haguenau. Propre à l'enrochement, en terre de bruyère ou franche, à toute exposition.

307. ORCHIS PALUSTRIS, Jacq. O. des marais. *Sumpf-Knaben-kraut.* — Pl. de 30 à 60 cm. ; à bulbes entiers ; à f. en gouttière, droites, acuminées ; à fl. assez grandes, pourpres, quelquefois roses ou blanches, en épi très lâche ; en juin. Croît dans les prairies humides et spongieuses de la région rhénane ; entre Colmar et Herrlisheim, Benfeld et Herbsheim ; commune à Strasbourg, dans les bas glacis, à Lingolsheim et Blæsheim, Meistratzheim et Limersheim. Propre aux enrochements à jeux d'eau, en bon terreau ou en terre tourbeuse.

308. ORCHIS SAMBUCINA, L. O. à odeur de sureau. *Hollun-derduftendes Knabenkraut.* — Pl. de 15 à 20 cm. ; à bulbes palmés ; à 5 f. oblongues, lancéolées ; à fl. jaunes, très rarement roses ou pourpres ; en avril, mai. Croît dans les pâturages et pelouses gramineuses des terrains granitiques, gneissiens et arénacés ; rare ou nulle sur le calcaire ; pied du Ballon de Soultz, Ortenberg, Ramstein ; vallées de Guebwiller et de Thann, Freundstein, Herrenfluch ; vallée de Munster, Wintzenheim, Wihr, Soultzbach, Hohroth ; très abondante sur les hauteurs granitiques de l'Annethal, entre Turckheim et Niedermorschwihr, à Kaysersberg, derrière la chapelle de Saint-Vendelin, Trois-Châteaux de Ribeauvillé ; derrière Bouxwiller, à Weihersweiler, Niederbronn, Bitche ; rare dans le Jura et le Sundgau. Propre à à l'enrochement, en terre de bruyère.

309. ORCHIS LATIFOLIA, L. O. à larges feuilles, O. palmé des marais. *Breitblättriges Knabenkraut, Ständleinwurz, Knaben-kraut-Weiblein.* — Pl. de 30 à 40 cm. ; à bulbes palmés ; à f. inférieures oblongues, les supérieures lancéolées, acuminées et divergentes de l'axe, ordinairement tachetées de noir ; à fl. ordinairement purpurines, quelquefois roses ou blanches ; en avril, mai. Extrêmement commune dans toutes les prairies humides. Propre à l'enrochement, dans le voisinage d'une cascade, d'un bassin, en terre franche ou siliceuse.

310. ORCHIS INCARNATA, L. O. incarnat. *Fleischfarbiges Knabenkraut.* — Pl. de 40 à 70 cm. ; à bulbes palmés ; à f. allon-gées ; à fl. ordinairement rose incarnat, aussi fréquemment purpu-rines, rarement blanches ; à floraison tardive, du 15 au 30 juin.

Très commune dans les prairies spongieuses de la région rhénane et du Sundgau ; Neuf-Brisach ; abonde à Strasbourg, dans les bas glacis ; dans les localités analogues, aux environs de Bitche, de Niederbronn, de Sarrebourg. Propre aux enrochements arrosés et sur le bord des pièces d'eau, en terre tourbeuse.

311. ORCHIS MACULATA, L. O. taché. *Geflecktes Knabenkraut.* — Pl. de 30 à 100 cm. ; à bulbes palmés ; à f. inférieures oblongues, les supérieures linéaires, tachetées de plaques noires ; à fl. rose lilas, fréquemment purpurescentes, rarement blanches, en épi de 8 à 15 cm. ; en mai, juillet. Croît dans les forêts humides et gramineuses, dans les prairies ombragées et marécageuses, presque partout ; dans les Vosges, jusque sur les plus hautes sommités ; rare ou nulle dans la région ello-rhénane ; commune dans la plaine de Haguenau, jusqu'à Vendenheim et dans les bassins des rivières qui descendent des Vosges. Propre à l'enrochement humide, sous couvert, en terre de bruyère et à l'exposition nord et ouest de préférence.

312. OPHRYS MUSCIFERA, Huds. Ophrys mouche. *Fliegenähnliche Frauenthräne, Fliegen- Mücken-Blumen.* — Pl. de 20 à 40 cm. ; à bulbes entiers, arrondis ; à trois et quatre f. elliptiques, glaucescentes ; à fl. brunâtres, par 5 à 10, en épi lâche ; en mai. Croît dans les pâturages et prairies ombragées de la plaine ello-rhénane, des collines calcaires sous-vosgiennes, sundgoviennes, jurassiques ; rare ou nulle dans les terrains arénacés ; assez commune aux environs de Strasbourg, à la Gansau, au Neuhof. Propre à l'enrochement, sous couvert, en terre franche.

313. OPHRYS ARANIFERA, Huds. O. araignée. *Spinnenähnliche Frauenthräne.* — Pl. de 20 à 30 cm. ; à bulbes entiers, arrondis ; à cinq et six f. oblongues ; à fl. brun velouté, avec dessins bleuâtres, sur fond jaunâtre, par trois à six, en épi lâche ; en avril, mai. Croît dans les pâturages de la plaine rhénane et des collines du lœss, du calcaire jurassique et conchylien et du Sundgau ; espèce la plus commune en Alsace, elle se trouve jusque sur les glacis de Strasbourg. Propre à l'enrochement, en terre franche compacte et à exposition chaude.

314. OPHRYS ARACHNITES, Reichardt, Hoff. O. fausse araignée,

O. araignée-bourdon. *Hummelblume, Tüfelangesicht, Spinnen-
blume.* — Pl. de 30 cm. ; à bulbes entiers, arrondis ; à cinq et
six f. oblongues ; à fl. brun velouté, à dessins fauves, bleuâtres,
verdâtres ou jaunâtres, par épi de trois à six ; en avril, mai.
Peu commune ; croît sur les collines calcaires sous-vosgiennes
du lœss, du calcaire jurassique, du muschelkalk ; dans le Sundgau ; assez rare dans la plaine rhénane, au Kastenwald, sur les
collines calcaires de Dorlisheim, Barr, Obernai, Sigolsheim,
Rouffach, Mulhouse. Propre à l'enrochement, en terre franche
et exposition ensoleillée.

315. OPHRYS APIFERA, Huds. O. abeille. *Bienenähnliche
Frauenthräne.* — Pl. de 15 à 50 cm., voisine de la précédente ;
à bulbes entiers, arrondis ; à fl. à dessins orangés au milieu, par
épi de cinq à neuf ; vers la fin juin. Croît dans les pâturages de
la plaine rhénane, çà et là ; sur les collines calcaires sous-
vosgiennes ; à Strasbourg, au bois d'Illkirch, au Polygone, sur
les bas glacis, en abondance ; à Mundolsheim, Dorlisheim,
Wasselonne, Sigolsheim, Florimont, Rouffach, environs d'Huningue. Propre à l'enrochement, en terre franche, sous léger
couvert.

316. PLATANTHERA BIFOLIA, Rchb. (ORCHIS BIFOLIA, L.). Orchis à deux feuilles. *Zweiblättrige Stendelwurz.* — Pl. de 30 à
60 cm.; à bulbes entiers, ovoïdes ; à deux f. inférieures grandes,
elliptiques ; à fl. blanches, à légère teinte verdâtre, en épi lâche,
très odorantes ; en mai, juillet. Croît dans les forêts et bois de
la plaine et des montagnes, presque partout. Propre à l'enrochement, en terre franche ou terreau de feuilles, sous couvert
ou à exposition ouest et nord.

317. PLATANTHERA MONTANA, Schmidt, Rchb. (ORCHIS MON-
TANA, Schm.) O. de montagne. *Berg-Stendelwurz.* — Pl. voisine de la précédente ; à fl. d'une nuance verdâtre, plus grandes,
à odeur faible ou presque nulle ; en mai, juillet. Croît dans les
forêts des montagnes et prairies ombragées ; Sundgau, Riespach,
Cernay, Guebwiller, Wissembourg. Propre à l'enrochement,
sous couvert, en terre franche un peu forte.

318. HABENARIA VIRIDIS, L. (PLATANTHERA VIRIDIS, Lindl.

Orchis viridis, Crantz., Satyrium viride, L.). O. verte. *Grüne Stendelwurz, Grünblüthige Stendelwurz*. — Pl. de 8 à 30 cm. ; à bulbes palmés ; à f. inférieures ovales, les supérieures oblongues ; à fl. jaune verdâtre, en épi peu compacte ; en mai, juillet. Croît dans les pâturages et prairies de toutes les régions ; dans la plaine rhénane, mais disséminé ; assez répandue dans les vallées des Vosges et du Sundgau ; dans les pâturages des hautes montagnes, Ballon de Soultz, Lauchen, Hohneck, Tanache, Brezouars, Aubure. Propre à l'enrochement, en terre de bruyère ou franche, à exposition bien éventée.

319. Cœloglossum albidum, L.-Hartm. (Orchis albida, Scop., Gymnadenia albida, Reichb.). O. blanchâtre. *Weissliche Stendelwurz*. — Pl. alpestre, de 10 à 30 cm. ; à bulbes fasciculés ; à six et huit f. ; à fl. blanchâtres ; en juin, juillet. Croît dans les pâturages des hautes Vosges, de 1000 à 1400 m. d'altitude ; commune sur le massif du Hohneck, de Tanache, Ballon de Soultz, de Giromagny et de Servance, Brezouars, Champ-du-Feu, Donon, Schneeberg ; dans le Sundgau. Propre à l'enrochement, en terre de bruyère, à découvert, où néanmoins la reprise sera toujours très problématique.

320. Gymnadenia conopsea, R. Br. (Orchis conopsea, L.) O. à long éperon. *Fliegenartiges Knabenkraut*. — Pl. de 30 à 60 cm. ; à bulbes palmés ; à f. nombreuses, oblongues ; à fl. odorantes, rose pourpre ou rose pâle, rarement blanches, en épi très allongé ; en juin, juillet. Très commune dans les prairies, bois gramineux, pâturages ombragés et humides, presque partout ; plaine rhénane, collines et montagnes ; Strasbourg, sur les glacis. Propre à l'enrochement, en terre franche, dans les parties couvertes et humides.

321. Gymnadenia odoratissima, Rich. (Orchis odoratissima, L.). O. odorant. *Wohlriechendes Knabenkraut*. — Pl. voisine du G. conopsea, plus grêle ; à f. très étroites ; à fl. rose pourpre, rarement blanches, à odeur de vanille très suave ; en juillet, août. Croît dans les prairies humides de la région rhénane et sur les collines calcaires ; Huningue, Kembs, Eschau, Illkirch, Rossfeld, Benfeld, les prairies du Ried, Dorlisheim, au

Dreispitz, Ingersheim ; dans le Sundgau, à Riespach près d'Hirsingen. Propre à l'enrochement, en terre franche et emplacement humide.

322. Neottia Nidus-Avis, L.-Rich. Néottie nid d'oiseau. *Gemeine Vogelnestwurz, Morgendrehen.* — Pl. de 30 à 50 cm., de teinte roussâtre ou fauve dans toutes ses parties ; à racines fibreuses, entrelacées, simulant grossièrement un nid d'oiseau ; sans feuilles apparentes ; à fl. brun fauve, en épi assez fourni ; en mai, juillet. Assez commune dans les forêts et bois humides de la plaine, des montagnes granitiques et arénacées, du Sundgau et du Jura alsacien ; près de Strasbourg, forêt de la Gansau, au Fasanengarten, à Haguenau. Propre aux massifs couverts, en terre franche ou terreau compacte, mais de culture difficile.

323. Listera ovata, L.-R. Br. Listera ovale, Double feuille. *Eirundblättriges Zweiblatt, Gross Zw.* — Pl. de 15 à 30 et 60 cm. ; à racines fibreuses ; à f. opposées largement ovales ; à fl. vert jaunâtre, en épi grêle, lâche et multiflore ; en mai, juin. Très commune dans les prairies et bois gramineux humides, presque partout, en plaine et montagne. Propre à l'enrochement, en terre franche un peu forte, en parties humides et demi couvertes, à l'exposition nord et ouest de préférence.

324. Epipactis palustris, Swartz, Crantz. Epipactis des marais. *Gemeine Sumpfwurz.* — Pl. de 30 à 50 et 60 cm. ; à racines fibreuses, traçantes ; à f. caulinaires lancéolées, de 5 à 8 sur 1 à 2 cm. ; à fl. d'un vert blanchâtre, mêlé de pourpre, pédicellées, pendantes, en épi lâche ; en juin, juillet. Très commune dans les prairies humides et marécageuses de la plaine rhénane ; rare dans les vallées des Vosges ; assez répandue dans le Sundgau ; abonde dans les bas glacis, à Strasbourg. Propre à l'enrochement, en terre calcaire ou franche, en lieux humides indispensables à la réussite.

325. Cephalanthera rubra, L.-Rich. Céphalanthère rouge. *Rothes Waldvögelein.* — Pl. de 30 à 60 cm. ; à racines fibreuses ; à f. caulinaires lancéolées, elliptiques, allongées ; à fl. grandes, rose pourpre, en épi lâche, peu fourni ; en mai, juin. Croît sur les collines calcaires sous-vosgiennes ; très rare sur les col-

lines sundgoviennes ; en plaine, ça et là, sur le grès vosgien ;
Sigolsheim, Florimont, Wasselonne, Obernai, Barr, Haguenau,
Bitsche. Propre à l'enrochement, en terre calcaire, à ciel ouvert.

326. CEPHALANTHERA PALLENS, Willd.-Rich. (C. GRANDI-
FLORA, Babington, EPIPACTIS PALLENS, D. C.). C. blanchâtre.
Grossblumiges Waldvögelein. — Pl. de 20 à 40 cm.; à souche
fibreuse; à f. largement elliptiques, de 6 à 7 sur 2 à 2 $^{1}/_{2}$ cm.;
à fl. blanc verdâtre ou jaunâtre; en mai. Croît dans les bois
gramineux de la plaine rhénane, ça et là ; sur les collines
calcaires sous-vosgiennes et sundgoviennes ; rare dans le grès
vosgien ; à Strasbourg, forêt de la Gansau et du Neuhof, Hardt
et Kastenwald, Haguenau. Propre à l'enrochement, en terre
calcaire, sous demi-couvert.

327. CEPHALANTHERA ENSIFOLIA, L.-Rich. C. à feuilles en
glaive. *Schwertblättriges Waldvögelein.* — Pl. voisine de la
précédente ; à f. plus étroites, presque distiques ; à fl. blanc de
lait, plus petites de moitié, en épi ordinairement très garni ; en
mai, juin. Assez commune dans les bois et les forêts sèches
des Vosges granitiques, euritiques, gneissiennes et arénacées,
à 300 et 600 m. d'altitude; moins commune dans les terrains
calcaires ; rare dans le Jura et le Sundgau ; ça et là en plaine ;
Rossfeld près de Benfeld, Haguenau, Niederbronn, Bitsche.
Propre à l'enrochement, en terre de bruyère, à exposition est
et sud de préférence.

328. CYPRIPEDIUM CALCEOLUS, L. Cypripède sabot, Sabot de
Vénus, Sabot des Alpes. *Gemeiner Frauenschuh.* — Pl. de 20
à 50 cm.; à souche oblique, fibrilleuse; à quatre f. inférieures
écailleuses, à trois jusqu'à cinq feuilles caulinaires moyennes et
supérieures ovales, elliptiques, oblongues, sessiles ; à très grandes
fl. jaunes, à labelle creusé en sabot; en mai, juin. Très rare ;
dans les bois gramineux, à Heiligenstein, Dorlisheim, Mutzig,
sur la colline du Dreispitz, où elle est devenue extrêmement
rare, si elle n'a point disparu complètement aujourd'hui. Propre
à l'enrochement, en terre calcaire substantielle, sous demi-couvert.

Iridex. Iridées. *Schwertelgewächse.*

Famille très caractéristique par son feuillage linéaire fort
ornemental et ses fleurs grandes et richement nuancées, mais
qui ne présente dans nos contrées que quelques représentants,
d'ailleurs faciles à cultiver.

329. Iris Germanica, Fuchs.-L. Iris germanique, d'Allemagne ou flambé, Flambe. *Deutsche blaue Schwertlilie, Blaue
Ilgen, Wild Himmelschwertel.* — Pl. de 30 à 60 cm.; à f. glaucescentes, linéaires; à fl. violet indigo, avec barbe jaune orange;
en mai, juin. Croit sur les collines sous-vosgiennes, sur la colline calcaire jurassique du Florimont, du Letzenberg, près de
Turckheim, sur tous les rochers, moins commune qu'autrefois,
par suite des défrichements; sur le granit, à Munster; sur le
gneiss, à Ribeauvillé, à Hattstadt, à Barr, à Westhoffen, sur les
murs et clôtures des vignes, sur les ruines de nos châteaux;
abonde sur la colline d'Obernai. Propre à la bordure, au parterre et surtout à l'enrochement, en terre franche substantielle
de préférence, aux expositions les plus arides.

330. Iris Pseud-Acorus, L. Iris faux-acore, I. des marais, I.
jaune, Lis jaune, Flambe d'eau. *Gelbe Wasser-Schwertlilie,
Rother Calmes.* — Pl. de 60 à 150 cm.; à f. très longues; à fl.
jaunes; en mai, juin. Très commune sur les bords des canaux,
des ruisseaux, des fossés, des étangs, presque partout. Propre
aux œuvres d'eau dont elles garnissent le bord immergé, en sol
tourbeux, vaseux ou caillouteux.

331. Iris pratensis, Lam. (I. Sibirica, L.). I. de Sibérie.
Sibirische Schwertlilie. — Pl. de 60 à 80 cm.; à f. inférieures
étroites; à fl. violacé; en juin. Assez rare; croît dans les prairies humides et ombragées, à sol tourbeux, dans presque toute
la région rhénane, d'Huningue à Strasbourg; Gansau, Ostwinkel,
Eschau, le Ried, entre Benfeld et Schlestadt. Propre aux voisinage des pièces et cours d'eau artificiels, en terre tourbeuse et
sous couvert ou à l'air libre.

332. Gladiolus palustris, Gaud. Glayeul des marais. *Sumpf-
siegwurz.* — Pl. de 30 à 50 cm.; à f. linéaires; à fl. de 3 cm.,

rouge carmin, rarement roses ou blanches; en juin, juillet. Croît dans les prairies marécageuses et tourbeuses de la région rhénane; entre Benfeld et Rhinau, surtout à Herbsheim et Rossfeld, Ostwinkel, près de Strasbourg, sur l'Ungersberg et l'Ortenberg. Propre aux berges et pelouses humides, par groupes, en terre franche quelconque, à toute exposition.

Amaryllideæ. AMARYLLIDÉES. *Amaryllisgewächse.*

Famille de plantes bulbeuses qui se prêtent facilement à la culture et dont nous pouvons citer, comme indigènes, trois espèces.

333. LEUCOIUM VERNUM. L. Nivéole printanière, Perce-neige. *Frühlings-Knotenblume, Winter-Schnee-Merzen-Glöckle, Hornungsblümle.* — Pl. de 20 à 30 cm.; à trois f. radicales, linéaires; à hampe terminée par une fl. blanche, marquée d'une tache verte; en février, avril ou mai, juin, dans les hautes Vosges. Assez répandue dans les Vosges granitiques et arénacées; commune dans les bois marécageux de la plaine de Haguenau, surtout à Surbourg, Hatten, Kauffenheim, au Bienwald, entre Wissembourg et Lauterbourg; assez commune au Hohneck, à l'Ungersberg, au Hohwald, au Champ-du-Feu, dans la vallée de la Bruche, jusqu'à Dachstein; dans le Jura sundgovien, à Obersdorf. Propre au parterre, à la bordure, à l'enrochement, en bonne terre franche et à l'exposition de l'est et du sud de préférence, pour hâter la floraison.

334. LEUCOIUM ÆSTIVUM, L. N. d'été. *Sommer-Knotenblume.* — Pl. de 30 à 50 cm.; à f. nombreuses; à hampe terminée par trois à sept fl. blanches; en mai. Croît dans les prairies des environs d'Oberbronn et de Zinsweiler, dans le Sundgau. Propre au parterre, à la bordure et à l'enrochement, en terre franche.

335. NARCISSUS PSEUDO-NARCISSUS, L. Narcisse faux narcisse, N. jaune, sauvage, des prés, Aïault, Marteau, Cubère, Chaudron, N. à f. de poireau. *Gelbe Narzisse, Gäle Hornungsblume, Josephstöcklein, Wachteln.* — Pl. de 20 à 40 cm.; à f. graminoïdes et glaucescentes; à hampe terminée par une fl. jaune; en

mars, en plaine, en avril, dans les vallées, en mai, juin, sur les hauteurs de 1100 à 1200 m. d'altitude. Abonde dans les vallées des Vosges centrales, couvrant des prairies entières ; Munster, Guebwiller ; très commune dans les escarpements du Lundebühl, du Hohneck, de Tanache, du Rotabac, du Herrenberg, du Hahnenborn, du Lauchen, jusque dans la forêt de Sainte-Croix-en-Plaine. Propre au parterre et ferait bon effet, distribué dans une pelouse ; s'accomode d'une terre siliceuse ou franche.

Dioscoreæ. Dioscorées. *Yamwurzgewächse.*

Famille représentée ici par une seule espèce de notre pays.

336. Tamus communis, L. Tamisier commun, Sceau de la Vierge, Sceau de Notre-Dame. *Gemeine Schmeerwurz.* — Pl. dioïque, sarmenteuse, assez développée ; à f. longuement pétiolées, cordiformes, d'un vert luisant ; à fl. blanc jaunâtre ou vert blanchâtre ; en mai, juillet ; à fruits en baies rouges. Assez répandue dans la vallée du Rhin, les bois de la plaine rhénane et des collines sundgoviennes ; à Huningue ; très commune dans la Hardt, aux environs de Strasbourg, au bois de la Gansau et de la Robertsau. Propre à couvrir toutes les parties qui réclament une plante grimpante et en terre franche substantielle.

Smilaceæ. Smilacées. *Liliengewächse (Smilaceen).*

Cette famille, aussi connue sous le nom de Convallariacées ou Asparagées ou confondue dans celle des Liliacées, comprend quelques bonnes espèces pour l'ornementation des parties rocheuses et qui sont déjà largement mises à contribution.

337. Mayanthemum bifolium, L. Mayanthème à deux feuilles. *Zweiblättrige Schattenblume.* — Pl. de 12 à 15 cm. ; à deux f. cordiformes, luisantes ; à fl. odorantes, blanc pur, en épi terminal ; en mai, juin. Croît dans les bois de la plaine rhénane, sur les collines calcaires, les montagnes inférieures et supérieures, jusqu'à 1200 m. d'altitude ; dans les bois de hêtre, entre la Schlucht et le Hohneck, sur les Hautes-Chaumes ; commune dans la

plaine de Haguenau, de Brumath. Propre à l'enrochement, en terre de bruyère, franche ou calcaire.

338. Convallaria majalis, L. Muguet de mai, M. des parisiens, Lis des vallées. *Gemeine Maiblume, Maiblümle.* — Pl. de 20 cm.; à f. oblongues, luisantes; à fl. blanches, très odorantes; en mai. Extrêmement commune dans tous les bois de la plaine et des montagnes. Propre à l'enrochement, en terre substantielle légère, à toute exposition.

339. Polygonatum angulosum, Cord. Polygonatum anguleux. *Kantige Weisswurz.* — Pl. de 20 à 40 cm.; à f. ovales; à fl. blanches; en mai, juin. Abonde parmi les rocailles des collines calcaires et des montagnes granitiques inférieures; rare en plaine. Propre à l'enrochement, en terre de bruyère ou franche légère, sous couvert plus ou moins dense.

340. Polygonatum multiflorum, L.-All. Polygonatum multiflore. *Vielblüthige Weisswurz.* — Pl. de 40 à 100 cm.; à f. sessiles, ovales; à fl. blanches; en avril, mai, juin. Très commune dans les bois de la plaine, des montagnes et des collines, partout. Propre à l'enrochement, en terre substantielle et légère, sous couvert.

341. Polygonatum verticillatum, L.-All. P. verticillé. *Wirtelblättrige Weisswurz.* — Pl. de 50 à 80 cm.; à f. lancéolées, sessiles; à fl. blanches; en juin, juillet. Assez commune dans les forêts rocailleuses des Vosges, à des altitudes de 500 à 1200 m.; dans le grès vosgien, depuis Bitche, çà et là. Propre à l'enrochement, en terre de bruyère, sous couvert et au nord.

Liliaceæ. Liliacées. *Liliengewächse.*

Encore une famille fort intéressante et riche en types variés et à fleurs remarquables. Les racines, presque toutes bulbeuses, facilitent la culture et le développement spontané est tel que l'abondance devient gênante pour certaines espèces; aussi pourra-t-on profiter de cette expansion dans les terres ingrates.

342. Tulipa sylvestris, L. Tulipe sauvage. *Wilde, gelbe, Tulpe.* — Pl. bulbeuse, de 30 à 50 cm.; à deux et quatre f.

sessiles, lancéolées, glaucescentes ; à fl. jaune citron, odorantes ;
en avril, mai. Croît dans les vignes des collines sous-vosgiennes,
à Rouffach, Turckheim, Ingersheim, Ribeauvillé, Ichtratzheim,
Mittelbergheim, Obernai, Kolbsheim ; dans le Sundgau, à Mulhouse. Propre à garnir des massifs ; se prête au parterre et à
l'enrochement, en terre calcaire ou franche compacte.

343. Lilium Martagon, L. Lis martagon, Martagon, Aspho-
dèle. *Türkenbund-Lilie, Goldzwiebel-Wurz, Wilder Bund,
Affodill, Kaiserskron-Wurz.* — Pl. de 30 à 100 et 120 cm. ; à
bulbe jaune doré, assez gros ; à f. inférieures oblongues, elliptiques ; à fl. rosées, rarement blanches ou roussâtres, à dessins
et taches purpurines ou bleuâtres ; en juin, juillet. Croît sur les
collines calcaires sous-vosgiennes, jusqu'à 1300 et 1400 m.
d'altitude ; abonde sur les escarpements du Hohneck, des Ballons, du Rossberg ; se trouve à foison dans le vallon de Soultzbach, au Hohstauffen, au Hohlandsperg, à Sigolsheim, dans le
bois à Ribeauvillé, à Barr, derrière le château d'Andlau, au
Champ-du-Feu, au Klingenthal, au Nideck et dans la vallée de
la Bruche ; assez commune dans le grès vosgien, entre Bitche
et Kaiserslautern ; dans le Jura sundgovien, à Zillisheim. Très
ornementale dans le parterre et l'enrochement, en bonne terre
franche.

344. Allium victorialis, L. Ail victoriale, A. serpentin,
Victoriale. *Siegwurz, Allermannsharnisch, Ninihämeler* ou
Neun-Hemdelein. — Pl. de 40 à 60 cm. ; à trois et quatre f. elliptiques, de 12 à 15 sur 4 cm. ; à fl. blanchâtres, disposées en boule ;
en juin, juillet. Croît sur les escarpements des montagnes de la
vallée de Munster, depuis le Rotabac jusqu'au lac Noir, aux
Hautes-Huttes, dans le val d'Orbey ; sur le Ballon de Guebwiller ;
rarement sur les Ballons de Giromagny et de Servance. Propre
au parterre et à l'enrochement, en terre de bruyère ou terreau
léger.

345. Allium ursinum, Fuchs. A. des ours, A. des bois.
Bären-Lauch, Bären-Hecken, Waldknoblauch. — Pl. de 20 à
60 cm. ; à bulbe blanc ; à deux f. vertes, de 12 à 15 sur 2 à 3
cm. ; à fl. blanches, en ombelle, à très forte odeur d'ail ; en mai.

Très commune dans les bois et les forêts de la plaine rhénane, des vallées granitiques et arénacées des Vosges ; dans le Sundgau, le Jura alsacien. Propre à l'enrochement, sous couvert, en toute terre substantielle.

346. ALLIUM ACUTANGULUM, Schrad. A. angulaire. *Kantiger Knoblauch.* — Pl. de 30 à 80 cm. ; à f. linéaires ; à fl. lilas pourpre, en ombelle ; en juillet, août. Abonde dans les prairies humides et tourbeuses de la région rhénane, de Bâle à Strasbourg ; dans tout le Ried. Propre aux bords des bassins et dans les enrochements humides, en terre tourbeuse.

347. ALLIUM SCHŒNOPRASUM, L. A. civette, Civette, Ciboulette, Ciboule. *Schnittlauch.* — Pl. de 15 à 25 cm. ; à végétation gazonnante ; à f. minces, cylindriques ; à fl. lilas rose ; en juin, juillet. Croît sur les bords du Rhin, de Bâle à Kembs. Propre à la bordure, au gazon pour petit espace, à l'enrochement, en terre quelconque.

348. SCILLA BIFOLIA, L. Scille à deux feuilles. *Zweiblättrige Meerzwiebel, Blaue Heckensternblümle, Blaue Merzblümle.* — Pl. de 10 à 30 cm. ; à bulbe sphéroïde ; à deux, rarement trois f. oblongues ; à fl. bleu d'azur, rarement blanches ou roses, en petite grappe ; en mars, avril. Très commune dans les bois, les buissons et les haies de la plaine rhénane ; abonde aux environs de Strasbourg, à Eckbolsheim, Ostwald, Illkirch, Neuhof, dans la plaine de Haguenau, dans les Vosges granitiques et euritiques, jusqu'au sommet du Rotabac ; commune sur les collines du muschelkalk, dans le Sundgau, le Jura. Propre à la bordure, au petit massif et à l'enrochement, en bonne terre franche.

349. SCILLA AUTUMNALIS, L. Sc. d'automne. *Herbst-Meerzwiebel.* — Pl. de 15 à 30 cm. ; à f. nombreuses, flétries au moment de la floraison ; à fl. bleu pourpre ; en août, septembre. Foisonne dans les pelouses rocailleuses des collines calcaires, entre Soultzmatt, Guebwiller et Rouffach, dans la Hardt, le Kastenwald. Propre à la bordure et au petit massif ainsi qu'à l'enrochement, en terre franche substantielle et à dominante de chaux.

350. ORNITHOGALUM UMBELLATUM, L. Ornithogale en ombelle,

Dame d'onze heures. *Doldige Vogelmilch, Weisserstern, Sonnen-
stern, Juden-Morgen-Stern.* — Pl. de 16 à 18 cm. ; à quatre et
cinq f. linéaires, de 10 à 15 cm. sur 5 à 7 mm.; à fl. blanches,
verdâtres extérieurement, en ombelle ; en avril, mai. Très commune dans les champs et les vignes de presque toute l'Alsace,
dans la plaine, les collines et vallées ; dans le Sundgau. Propre
aux parties arides et demi-couvertes, en terre calcaire et graveleuse, en guise de gazon.

351. GAGEA STENOPETALA, Fries. Gagée à pétales étroits.
Schmalblumiger Goldstern. — Petite pl. bulbeuse ; à une et deux
f. linéaires, glaucescentes ; à fl. jaunes, à dos verdâtre ; en mars,
avril. Croît dans les jachères, les champs sablonneux incultes,
les prés secs, etc.; abonde dans la plaine de Haguenau, de Bischwiller jusqu'à Lauterbourg ; dans le grès vosgien, entre Niederbronn, Bitche et Sternbach, jusqu'à Wissembourg ; commune
dans la vallée de Munster, sur le granit. Propre au petit massif,
dans l'enrochement, en terre siliceuse plus ou moins graveleuse.

352. GAGEA SYLVATICA, Pers. Gagée des bois. *Waldgoldstern.*
— Pl. bulbeuse, de 12 à 20 cm.; à une f. verte, de 20 à 22 sur
6 à 8 mm.; à fl. jaune vif, doré, à dos vert ; en mars, avril.
Croît dans les prairies ombragées, aux bords des bois ; dans la
plaine de Bischwiller et de Haguenau ; dans la plaine rhénane,
entre Erstein et Benfeld ; dans les vallées granitiques des Vosges,
à Munster ; entre Cernay et Wittelsheim, dans le Sundgau.
Propre à l'enrochement, en terre siliceuse, sous couvert.

353. MUSCARI COMOSUM, L.-Mill. Muscari à toupet, Ail à toupet.
Schopfblüthige Muskathyacinthe. — Pl. bulbeuse, de 30 à 40 cm.;
à quatre jusqu'à cinq f. linéaires ; à fl. en grappe, olivâtres
inférieurement, bleu indigo vers le haut, surmontées d'un toupet
de fl. stériles au sommet ; en mai, juin. Croît dans les champs
et lieux cultivés ; dans la plaine rhénane, entre Haguenau, Wissembourg, Lauterbourg ; çà et là, dans les vallées du grès vosgien; Wasselonne, Marmoutier, Truchtersheim, Benfeld, Rhinau,
Daubensand ; commune dans le Sundgau. Propre aux massifs
couverts et dans les parties arides de l'enrochement, en terre
franche ou siliceuse.

354. Muscari racemosum, Dod.-Mill. M. à grappes, Ail de chien. *Taubenhyazinthe*, *Hundsknoblauch*, *Hundszwiebel*, *Katzentrauben*, *Schandelblume*. — Pl. bulbeuse, de 10 à 30 cm.; à cinq et six f. étroites, junciformes; à fl. en grappe, bleu indigo, odorantes; en mars, avril. Très abondante dans tout le vignoble, depuis Thann jusqu'à Mutzig, Molsheim, Wasselonne, Blæsheim; dans tout le Sundgau, de Mulhouse à Ferrette. D'origine étrangère, elle aurait été cultivée dans les jardins, au XVᵉ siècle, et se serait propagée, dans les vignes, au XVIᵉ. Propre au parterre, à l'enrochement et aux massifs couverts, dans les parties arides, en toute terre.

355. Muscari Botryoides, L.-DC. M. raisin. *Steifblättrige Muskathyacinthe.* — Pl. voisine du M. racemosum; à f. linéaires, spatulées, à peine canaliculées et plus larges; à fl. bleu azuré; en avril, mai. Croît dans les bois gramineux de la région rhénane supérieure, dans la Hardt, entre Ottmarsheim, Ensisheim et Neuf-Brisach, à foison. Propre à l'enrochement et au sous-bois, en terre franche.

356. Anthericum Liliago, L. (Phalangium Liliago, Schreb.). Phalangère fleur de lis. *Astlose Zaunlilie.* — Pl. de 30 à 60 cm.; à f. graminoïdes, de 30 cm. sur 4 mm.; à fl. en épi simple, blanches, à trois stries bleuâtres sur le dos, passant au brun après floraison; en mai, juin. Commune dans les bois gramineux et rocailleux des Vosges granitiques; rare dans la plaine rhénane, excepté dans la Hardt et la plaine de Haguenau. Propre au parterre et à l'enrochement, en terre de bruyère préférablement à toute autre.

357. Anthericum ramosum, Dod.-L. (Phalangium ramosum, Lam.). Ph. rameuse, Herbe à l'araignée. *Aestige Zaunlilie.* — Pl. de 30 à 60 cm.; à f. graminoïdes; à fl. plus petites, en panicule, blanches, à trois stries bleuâtres sur le dos, passant au brun pâle ou rougeâtre après floraison; en juin, juillet. Très commune dans la plaine rhénane et les collines sous-vosgiennes, sundgoviennes; dans les pelouses gramineuses et ombragées; abonde à Strasbourg, dans le bois d'Ostwald, de la Gansau, d'Illkirch; rare dans les terrains granitiques. Propre au parterre,

au sous-bois et à l'enrochement, en terre franche substantielle ou en terreau.

Colchicaceæ. COLCHICACÉES. *Zeitlosengewächse.*

Comprise souvent dans les LILIACÉES, cette famille ne fournit, dans notre pays, qu'un genre.

358. COLCHICUM AUTUMNALE, L. Colchique d'automne, Colchique, Tue-chien, Dame-nue, Faux safran des prés, Veilleuse, Cul tout-nu, Vieillotte. *Herbst-Zeitlose, Matten-Saffran, Ucht-blume, Herbstrose, Nackthure, Pfaffenhoden, Kühdüllen, Fuli-fude* (Faule Fauden), *Quellblume* (dans la vallée de Munster). — Pl. bulbeuse, de 15 à 20 cm.; sans f. au moment de la floraison; fl. ordinairement lilas; en août, octobre, fleurit parfois en mars, avril, dans les montagnes. Abonde dans les prairies de toutes nos régions. Propre à la bordure, au parterre, en petit massif ou disséminé dans les pelouses, pour leur donner le caractère champêtre, en tout terrain, de préférence en terre franche.

Junceæ. JONCÉES. *Simsengewächse.*

Les représentants de cette famille ont un mérite ornemental que leur donnent leurs feuilles linéaires, ordinairement tubulées, caractère très avantageux pour faire, dans les parties humides, une heureuse diversion sur les gazons et relever, animer, les bords des ruisseaux accidentés d'enrochements ou des pièces d'eau à rives immersibles.

359. JUNCUS CONGLOMERATUS, L. Jonc ordinaire. *Gemeine Binse.* — Pl. de 50 à 80 cm.; à souches traçantes; à chaumes vert gai; à fl. insignifiantes; en été. Très commune dans les prés humides, argileux, marécageux de toutes les régions. Propre aux pelouses humides, aux bords des eaux, en terre argileuse de préférence.

360. JUNCUS EFFUSUS, L. Jonc évasé. *Ausgebreitete Binse.* — Pl. de 80 à 90 cm., plus grande et plus forte que la précé-

dente ; fleurit en été. Très commune dans les prairies et bois humides, pâturages vaseux, etc. Propre aux parties humides des pelouses, des enrochements, des massifs couverts, en terre argileuse ou tourbeuse de préférence.

361. JUNCUS GLAUCUS, Ehrh. J. glauque, J. des jardiniers. *Band-Stein-Binse, Graugrüne Simse.* — Pl. de 60 à 80 cm. ; à chaumes couleur glauque ou vert pâle ; fleurissant tout l'été. Très commune dans la région rhénane, dans les pâturages marécageux et vaseux, souvent aussi dans la plaine et les vallées des Vosges. Propre aux parties humides quelconques, en terre argileuse.

362. JUNCUS COMPRESSUS, Jacq. J. comprimé. *Zusammengedruckte Simse.* — Pl. de 30 à 50 cm. ; à chaumes grêles ; fleurit en été. Abonde dans les prairies et les pâturages humides, tourbeux ou vaseux, sur les bords des chemins de la région rhénane supérieure et des vallées des Vosges granitiques ; commune dans le Sundgau et le Jura. Propre aux parties humides, isolée entre les enrochements, en terre calcaire de préférence ou en terre de bruyère.

363. JUNCUS LAMPOCARPUS, Ehrh. J. à fruits lustrés. *Glanzfruchtige Simse.* — Pl. de 20 à 80 cm. ; à chaumes plus ou moins dressés ; fleurit en été et en automne. Très commune dans les prés tourbeux, vaseux et marécageux de la plaine et des montagnes. Propre à toutes les parties humides et dans toute terre.

364. LUZULA MAXIMA, Retz.-DC. (L. SILVATICA, Gaud.). Luzule à larges feuilles. *Wald-Hainsimse.* — Pl. de 60 à 120 cm., gazonnante ; à f. larges, de 8 à 10 mm. sur 15 à 25 cm. de long, ciliées, d'un vert brillant ; à fl. brunâtres ; en avril, juin. Très commune dans toutes les forêts des Vosges granitiques et arénacées, jusque dans la région alpestre, surtout dans les lieux humides, près des sources et des ruisseaux, descendant des montagnes arénacées du Bas-Rhin jusque dans la plaine de Haguenau ; disséminée dans le Jura et le Sundgau. Propre aux enrochements, en terre de bruyère ou franche et dans les parties humides.

365. LUZULA SPADICEA, Allion.-DC. L. brune. *Braunblüthige*

Hainsimse. — Pl. alpestre, de 30 à 40 cm. ; à f. linéaires d'un vert foncé glaucescent ; à fl. d'un brun purpurescent plus ou moins foncé ; en juin, juillet. Croît sur les escarpements et rocailles des hautes Vosges, de la vallée de Munster, depuis le lac Noir jusqu'au Rotabac, mais surtout au Hohneck, de 1100 à 1350 m. d'altitude. Propre aux enrochements, à ciel ouvert, en terre de bruyère.

366. LUZULA ALBIDA, Hoffm.-DC. L. blanchâtre. *Weissliche Hainsimse.* — Pl. de 30 à 60 cm.; à f. inférieures très longues, linéaires, larges de 2 à 3 mm., très pileuses ; à fl. d'un blanc un peu sale, jaunâtre ou roussâtre ; en juin, juillet. Très commune dans les Vosges granitiques et arénacées ; dans la plaine de Haguenau, jusqu'à Vendenheim et Reichstœdt ; dans les bois et forêts à sol sablonneux, jusqu'à 1000 m. d'altitude ; abonde dans le Sundgau molassique ; mais rare ou peu répandue dans les terrains jurassiques ; à Altkirch. Propre à l'enrochement, en terre de bruyère et sous couvert.

367. LUZULA MULTIFLORA, Ehrh.-Lej. L. multiflore. *Reichblühende Hainsimse.* — Pl. de 30 à 50 cm.; à sept et neuf chaumes ; à f. dressées, ciliées ; à fl. brun pâle ou brun foncé ; en mai, juin. Croît dans les bois et bruyères des terrains arénacés ; commune dans la plaine de Haguenau et dans le grès vosgien. Propre à la rocaille, en terre sablonneuse et sous couvert.

Aroideæ. AROÏDÉES. *Arongewächse.*

368. ARUM VULGARE, Trag.-Lam. (A. MACULATUM, L.). Gouet commun, Pied-de-veau. *Gefleckter Aronstab, Zehrwurz.* — Pl. de 15 à 20 cm.; à deux et trois feuilles à long pétiole ; à fl. en spathe, vert blanchâtre ou jaunâtre, souvent nuancées de violet ou de pourpre ; en avril, mai ; à fruits en baies ovoïdes, rouge écarlate ; en juillet, août. Croît partout, dans les haies et les bois, très fréquente dans la plaine de Strasbourg, aux bois du Neuhof et d'Ostwald. Propre au couvert, en toute terre.

369. CALLA PALUSTRIS, L. Calla des marais. *Gemeine Schlangenwurz.* — Pl. traçante, de 8 à 20 cm.; à f. largement ovales, cordiformes ; à fl. en spathe, blanches intérieurement, vert pâle

extérieurement ; à baies rouges ; en juillet, août. Croît dans les marais tourbeux, dans les étangs tourbeux du grès vosgien ; aux environs de Still, derrière Mutzig, autrefois sinon aujourd'hui ; dans la vallée de la Lauter, à Weidenthal, à la Petite-Pierre, derrière Zinsweiler, dans presque tous les marais tourbeux, aux environs de Bitche, Stürzelbronn, Eppenbronn, Zinsel, Neunhofen ; dans les Vosges granitiques et arécées. Propre aux pièces d'eau, en terre sableuse immersée.

Typhaceæ. Typhacées. *Rohrkolbengewächse.*

Cette famille nous fournit un précieux contingent pour la décoration des parties d'eau ; le feuillage, l'inflorescence, la grande taille, tout contribue à rehausser l'aspect riant d'une pièce d'eau.

370. Typha latifolia, L. Massette à larges feuilles, Grande massette d'eau, Roseau des étangs, Roseau de la Passion, Grenouille, Chandelle, Canne de jonc, Masse d'eau. *Grosser Rohrkolben, Grosses Rohr, Grosse Liesch.* — Pl. de 100 à 300 cm.; à chaumes articulés, portant six à sept f. très longues, larges de 18 à 20 mm., glaucescentes ; à fl. vertes enveloppant 30 cm. de tige, brunâtres à maturation ; en juin, juillet. Habite, par groupe, les eaux stagnantes et les fossés aquatiques de la région rhénane ; moins commune dans les vallées des Vosges ; très rare dans le Jura ; abonde dans les tourbières de Kurtzenhausen, de Weyersheim, jusqu'à Haguenau. Propre aux nappes d'eau, dans lesquelles elle doit immerger, sur un fond graveleux ou tourbeux.

371. Typha angustifolia, L. M. à feuilles étroites. *Schmalblättriger Rohrkolben.* — Pl. de 100 à 200 cm.; à f. linéaires, étroites, de 3 à 6 cm.; à fl. en épi plus grêle, de 15 à 18 cm., vertes, passant au brun à maturation ; en juillet, août. Assez rare ; croît dans les fossés aquatiques de la plaine rhénane, à Rouffach, Colmar, Strasbourg, à la Wantzenau, à Eschau. Propre aux nappes d'eau, comme la précédente, avec laquelle elle peut former contraste.

372. Typha minor, Lobb. (T. minima, DC.). M. naine. *Klei-*

ner Rohrkolben. — Pl. de 30 à 120 cm.; à f. graminoïdes; à fl. verdâtres, puis brunâtres; en mai, juin. Croît uniquement dans les sables humides; très abondante dans les sables humides et argileux des bords du Rhin, à Huningue, Neuf-Brisach, Marckolsheim, Rhinau, Gerstheim, en quantité à Strasbourg, dans l'Ile des Épis, au-dessus de la Maison-Blanche, au-dessous du canal de l'Ill au Rhin. Propre aux parties non immergées et humides, en terre sablonneuse, légère.

373. SPARGANIUM RAMOSUM, C. B.-Huds. Rubanier rameux, Ruban d'eau. *Aestiger Igelkolben, Degenkraut, Igel, Riedgras, Grosser Igelkolben*. — Pl. aquatique, de 60 à 180 cm.; à f. subtriangulaires, carénées, larges de 15 à 18 mm.; à fl. en châtons globuleux, sessiles, disposées en panicule; en juin, août. Croît dans les eaux stagnantes, les fossés, ruisseaux, bords des rivières, dans toutes les régions. Propre au fond des bassins et étangs, en terre tourbeuse ou vaseuse.

374. SPARGANIUM SIMPLEX, Huds. R. simple, R. non rameux. *Einfacher Igelkolben*. — Pl. de 50 à 100 cm.; à f. à face supérieure aplanie; à fl. en épi simple; en juin, août. Croît dans les marais tourbeux, fossés, canaux, rigoles. Propre au fond des eaux, en terre vaseuse.

Cyperaceæ. CYPÉRACÉES. *Cypergräser*.

Ornementale, par la disposition des touffes feuillées, de l'inflorescence souvent gracieusement inclinée sur une tige élancée, de la graine qui parfois a l'aspect d'un petit plumet de soie blanche, cette famille mérite de trouver une place plus importante dans les paysages improvisés; le choix est grand et toutes les conditions de terrain peuvent être utilisées en sa faveur.

375. SCIRPUS LACUSTRIS, L. Scirpe des étangs, Jonquine, Grand Jonc. *See-Binse, Grosse Wasser- Weiher-Binsen*. — Pl. de 160 à 200 cm., variant facilement dans ses formes; à chaumes vert glauque; à fl. brun pâle ou rouille; en juin, août. Croît partout, dans la plaine rhénane, comme dans les vallées. Propre au fond des eaux, en toute terre.

376. Scirpus maritimus, L. Scirpe maritime. *Meer-Binse.*
— Pl. de 30 à 180 cm.; à f. graminoïdes; à fl. rousses ou brunes; en été. Commune dans les fossés, les rivières, les étangs de la région rhénane, surtout à Strasbourg. Propre aux bassins et aux eaux courantes à fond graveleux.

377. Scirpus sylvaticus, L. Scirpe des forêts. *Wald-Binse.*
— Pl. de 60 à 130 cm.; à f. graminoïdes; à fl. noir verdâtre, en ombelle; en mai, juillet. Croît dans les fossés aquatiques, les lieux boisés, palustres, de la plaine et surtout des montagnes; très commune partout. Propre à toutes les eaux, en terre siliceuse ou plus ou moins tourbeuse ou vaseuse.

378. Eriophorum vaginatum, L. Linaigrette engaînée, L. des marais. *Scheidiges Wollgras.* — Pl. de 15 à 60 cm.; à fl. gris verdâtre ou plombé, en mars, avril et mai; couverte à maturation de soies longues de 25 à 30 mm. Croît dans les tourbières des hauts plateaux et des hauts vallons des Vosges et du Jura; commune dans le vosgésias, aux environs de Bitche et de Niederbronn; sur le massif du Donon, du Schneeberg et du Hengst; dans les Vosges granitiques, à Munster, Guebwiller, Orbey; en plaine, à Schlestadt et Haguenau. Propre au bord des pièces d'eau, en terre tourbeuse, à découvert, exposée au nord ou à l'ouest.

379. Eriophorum latifolium, Hopp. L. à pédoncules rudes, Herbe à coton. *Breitblättriges Wollgras, Wiesenflachs, Mattenwolle.* — Pl. de 30 à 60 cm.; à f. planes, de 7 à 8 mm. de large; à fl. vert foncé, noirâtre; à soies de 18 à 25 mm.; en avril, mai. Très commune presque partout, dans les tourbières et prairies marécageuses. Propre aux bas fonds humides et aux bords des eaux, en terre vaseuse.

380. Eriophorum angustifolium, Roth. L. à feuilles étroites. *Schmalblättriges Wollgras.* — Pl. de 20 à 30 cm., dans les montagnes, de 60 à 100 cm., en plaine; à f. fortement canaliculées; à fl. vert foncé; à soies de 3 à 5 cm.; en avril pour la plaine, en mai et juin dans les montagnes. Commune dans les prés tourbeux; abonde dans la plaine tourbeuse, entre Hœnheim, Bischwiller et Haguenau; commune jusque dans les hauts

pâturages des massifs à granit et à grès des Vosges ; beaucoup plus disséminée et même rare dans le Jura. Propre aux parties extrêmement et constamment humides, en terre plus ou moins tourbeuse.

381. Carex vulpina. L. Carex jaunâtre. *Fuchs-Riedgras.* — Pl. de 30 à 100 cm.; à chaumes dressés ; à f. linéaires, larges de 4 à 5 mm.; à fl. brunes ou rousses ; en mai, juin. Très commune le long des chemins, des fossés, des ruisseaux, dans les marécages, les lieux vaseux, partout, en plaine et montagne. Propre à l'enrochement, en terre franche compacte.

382. Carex muricata, L. C. rude. *Weichstacheliges Riedgras.* — Pl. de 30 à 50 cm.; à f. en lames étroites, de 2 à 3 mm., assez flasques ; à fl. brunes, à marge jaune pâle ou blanchâtre ; en avril, juin ; varie dans ses formes. Très commune le long des fossés, des routes, des chemins, dans les prairies humides, les lieux humides boisés, les haies, buissons ; la variété *divulsa*, à Wattwiller, Scherwiller, Wasselonne, Bouxwiller, Bitche, dans la plaine de Haguenau, dans les bois rocailleux et humides ; sur les collines du Sundgau. Propre à l'enrochement, en terre franche compacte et endroit humide, à toute exposition et sous couvert ou à ciel libre.

383. Carex montana, L. C. de montagne. *Berg-Riedgras.* — Pl. de 6 à 15 et 20 cm.; à f. vert tendre un peu jaunâtre ; à fl. noir pourpre ; en avril, mai. Croît dans les pâturages de la région ello-rhénane ; sur le grès vosgien, à Bitche et environs ; dans les pelouses des collines calcaires sous-vosgiennes, depuis Guebwiller jusqu'à Bouxwiller ; abonde à Ingersheim, Dorlisheim, Barr ; sur les collines jurassiques du Sundgau ; quelquefois sur le granit des vallées des Vosges. Propre à l'enrochement, en terre plus ou moins calcaire de préférence et dans les emplacements relativement arides.

384. Carex glauca, Scop. C. glauque. *Seegrünes Riedgras.* — Pl. de 20 à 40 et 50 cm.; à f. glauques, très allongées ; à fl. noir brun ou purpurescentes, en épis pendants ; en avril, mai. Très commune dans la plaine rhénane, les collines calcaires et les montagnes inférieures ; sur le lœss, dans le Jura ; dans les

lieux graminoux secs et humides, dans les prairies et pâturages ; abonde sur les collines sous-vosgiennes, sundgoviennes et près de Strasbourg, sur les glacis. Propre à l'enrochement, en terre franche ou calcaire, en lieu plus ou moins humide.

385. Carex maxima, Scop. C. élevé. *Hohes Riesen-Riedgras.* — Pl. de 100 à 150 cm.; à f. inférieures de 30 à 40 cm., larges de 12 à 15 mm., planes ; à fl. en épis pendants, de 10 à 15 cm., brun foncé ; en mai, juin. Assez commune dans les forêts rocailleuses et humides des Vosges granitiques, euritiques et porphyriques supérieures ; dans les vallées de Massevaux, Saint-Amarin, Guebwiller, Munster, Ribeauvillé, Lièpvre ; assez répandue sur le massif du Champ-du-Feu, dans la forêt de Barr, derrière le Holzplatz ; ça et là, mais rare dans la forêt de Haguenau ; très rare dans le grès vosgien. Propre à l'enrochement, en terre de bruyère, aux endroits humides où elle produira toujours un grand effet décoratif.

386. Carex frigida, Allion. C. des frimas. *Kaltes Riedgras.* — Pl. de 20 à 50 cm.; à f. vert foncé, de 4 à 5 mm. de large ; à fl. noirâtres, noir brun, en épis pendants ; en juin, juillet. Croît sur les escarpements et ravins méridionaux du Hohneck ; à la Wolmsa, au Schwalbennest. Propre à l'enrochement, en terre de bruyère et à exposition bien aérée.

387. Carex pseudo-Cyperus, L. C. faux Suchet. *Cypergrasähnliches Riedgras.* — Pl. de 30 à 120 cm.; à f. longues, vert jaunâtre, plus longues de beaucoup que la tige florale ; à fl. vert blanchâtre, en épis pendants ; en avril, juin. Rare et peu répandue ; croît dans les fossés aquatiques, le bord des étangs et des piscines de la région rhénane ; à Huningue, Colmar, Strasbourg, autour de l'étang de la colonie d'Ostwald, autour des étangs à rouir le chanvre, entre Ostwald et la station de Geispolsheim ; dans la plaine de Haguenau ; assez abondante sur les bords de la Lauter et dans le Bienwald. Propre aux pièces d'eau, dont elle ornera les bords, en terre graveleuse ou tourbeuse.

388. Carex sylvatica, Huds. C. des bois. *Wald-Riedgras.* — Pl. de 30 à 60 cm.; à f. inférieures planes, vert pâle ou jaunâtre, larges de 5 à 6 mm.; à fl. vertes ; en avril, juin. Croît

dans les forêts, bois, clairières de la plaine, des collines et des montagnes et commune partout. Propre à l'enrochement, en toute terre, à toute exposition et sous couvert au besoin.

389. CAREX PALUDOSA, Good. C. des marais. *Sumpf-Riedgras.* — Pl. de 50 à 160 cm.; à f. vert glaucescent, raides, larges de 7 à 9 mm., longues de 30 à 50 cm.; à fl. noires; en avril, juin. Très commune dans les prés humides, les marais caillouteux, le bord des ruisseaux, en plaine et dans les vallées. Propre à l'enrochement et aux parties aquatiques, en terre franche quelque peu graveleuse.

390. CAREX RIPARIA, Curt. C. des rives. *Ufer-Riedgras.* — Pl. de 100 à 150 cm.; à f. larges de 12 à 15 mm.; à fl. noires; en mai, juin. Très commune le long des canaux, des rivières, des fossés, surtout dans la région rhénane. Propre à border les pièces et petits cours d'eau, en terre franche.

391. CAREX VESICARIA, L. C. en vessie. *Blasen-Riedgras.* — Pl. de 40 à 100 cm.; à f. planes, vert pâle ou jaunâtre, larges de 6 et 8 mm.; à fl. jaune verdâtre; à fruits vésiculeux; en mai, juin. Très commune dans les fossés aquatiques, les étangs, les bords des rivières, etc.,partout, en plaine et dans les vallées. Propre au bord submergé des parties d'eau, en terre quelconque.

392. CAREX AMPULLACEA, Good. C. ampoulé. *Flaschen-Ried-gras.* — Pl. de 30 à 100 cm.; à f. étroites; à fl., mâles, jaune verdâtre pâle, les femelles, jaune rouille; à fruits vésiculeux; en mai, juin. Moins commune, croît dans les marais tourbeux des montagnes granitiques et arénacées, descend des montagnes du vosgésias dans la plaine de Haguenau; rare ou nulle dans la région ello-rhénane; abonde au bord de l'étang d'Ostwald; abonde dans le Jura et quelques parties du Sundgau. Propre aux enrochements humides, en terre de bruyère de préférence et à ciel ouvert.

Gramineæ. GRAMINÉES. *Gräser.*

Cette famille, si nombreuse dans ses représentants, peut être largement employée dans nos jardins; d'une végétation vigoureuse, d'une grande résistance, beaucoup d'espèces seront d'un usage précieux là où les conditions de terrain et de site seront désavantageuses pour d'autres plantes. Le contraste du feuillage filamenteux sera toujours heureux auprès des feuilles à limbes plus ou moins larges intentionnellement entremêlées ; ainsi que tranchent, sur un gazon trapu, les larges feuilles d'un farfugium ou d'un cacalia.

393. ANDROPOGON ISCHÆMUM, L. Barbon pied de poule, Brossière. *Gemeines Bartgras.* — Pl. de 30 à 70 cm.; à f. étroites ; à fl. à stigmates rougeâtres ; en juillet, septembre. Croît sur les bords gramineux des routes, pelouses, prairies sèches, etc.; assez commune dans toute la région rhénane ; abonde à Bâle, Neuf-Brisach, Strasbourg ; très commune sur les collines du lœss ; rare ou nulle dans le grès vosgien ; assez répandue dans la plaine intérieure et sur les collines sous-vosgiennes ; commune dans les terrains jurassiques. Propre à l'enrochement, en terre franche et endroit sec.

394. BALDINGERA ARUNDINACEA, Dum. (PHALARIS ARUNDINACEA, Linn.). Baldingère bigarrée, Herbier, Fromenteau, Chien-dent ruban. *Rohrartiges Glanzgras.* — Pl. de 60 à 180 cm.; à f. linéaires, raides, vert grisâtre, à bords rudes ; à fl. verdâtres, souvent nuancées de pourpre. Très commune sur le bord des ruisseaux, des étangs. Propre au voisinage des parties d'eau, en toute terre.

395. ALOPECURUS PRATENSIS, L. Vulpin des prés. *Wiesen-Fuchsschwanzgras.* — Pl. de 30 à 90 cm.; à fl. à anthères jaune fauve, en épi cylindrique ; en avril, mai. Très commune dans les bonnes prairies, principalement sur le bord des rigoles. Propre à l'enrochement, en toute terre substantielle.

396. AGROSTIS STOLONIFERA, Koch. (AGROSTIS ALBA, L.) Agrostide blanche. *Gemeiner Windhalm, Fioringras.* — Pl. de 20 à 150 cm.; à fl. blanchâtres, violacées ou purpurines, en panicule très léger ; en juillet. Affecte différentes formes ; la variété géante est très commune dans les bas-fonds marécageux et gramineux de la région rhénane et souvent aussi dans les vallées ; les autres variétés, plus ou moins grêles ou dressées ou infléchies, croissent dans les champs sablonneux et arides,

dans les prairies et champs sablonneux et humides, dans les pâturages des hautes Vosges ou dans les sables humides des bords du Rhin. Propre à l'enrochement, au gazonnement, en terre siliceuse et à toute exposition.

397. CALAMAGROSTIS EPIGEIOS, L.-Roth. Calamagrostide commune. *Land-Reitgras.* — Pl. de 60 à 130 cm.; à f. inférieures très longues, glaucescentes; à fl. blanches, violacées, en panicule; en juillet, août. Très commune en plaine et sur les montagnes vosgiennes et jurassiques, dans les pâturages humides ou secs, pierreux ou caillouteux, ombragés ou non. Propre à l'enrochement, en toute terre et à tout emplacement.

398. PHRAGMITES COMMUNIS, Trin. Roseau commun, Roseau, R. à balais. *Gemeines Schilf.* — Pl. de 200 à 500 cm.; à f. larges de 25 à 30 mm., longues de 40 à 50 cm.; à fl. pourpre foncé, en panicule; en août, septembre. Croît dans tous les fossés, étangs, surtout dans la région rhénane; moins commune dans les vallées. Propre et presque indispensable à toutes les parties d'eau, en terre franche ou tourbeuse, immergée ou non.

399. STIPA PENNATA, L. Stipe plumeuse. *Federgras, Mariengras.* — Pl. de 30 à 50 cm.; à f. inférieures raides, filiformes; à fl. vertes, à longues soies blanches vers maturation; en mai, juin. Rare; très rare aujourd'hui sur la colline calcaire d'Ingersheim, au-dessus de la caverne du Dragon; sur les collines, entre Rouffach et Westhalten. Propre à l'enrochement, en terre franche et aux endroits arides, en gazon ou isolément placée, au premier plan.

400. SESLERIA COERULEA, L.-Ard. Sesléric bleuâtre. *Blaue Seslerie.* — Pl. de 15 à 40 cm.; à f. inférieures raides, bleuâtres; à fl. bleuâtres, rarement blanches, en épi court, ovoïde; en avril, en mai dans les montagnes. Préfère les lieux secs des terrains calcaires; commune dans le Jura sundgovien; sur les collines calcaires sous-vosgiennes, à Soultzmatt, Ingersheim. Propre à l'enrochement, en gazon ou par groupes, aux endroits ingrats et secs et en terre calcaire ou franche.

401. AIRA FLEXUOSA, L. (DESCHAMPSIA FLEXUOSA, Gris.) Deschampsie flexueuse, Canche des montagnes. *Schlängelige*

Schmiele, Berg-Haargras, Mountain Hairgras (des Anglais). —
Pl. gazonnante, de 30 à 60 cm.; à f. inférieures fines; à fl.
argentées ou nuancées de pourpre ou de jaune verdâtre, en
panicule très léger. Très abondante, comme semée, dans les
Vosges granitiques et arénacées, dans les bois, les forêts rocailleuses et sablonneuses, les clairières, bruyères; descend dans
la plaine et les bassins des torrents des Vosges; à l'Ochsenfeld,
dans la plaine, entre Colmar et Kaysersberg, entre Schlestadt et
Dambach, le long de la Bruche; abonde dans la plaine de
Haguenau. Propre au gazon, en terre siliceuse et à l'enrochement, sous couvert au besoin.

402. AIRA CÆSPITOSA, L. (DESCHAMPSIA CÆSPITOSA, P. B.)
Desch. en gazon. *Rasen-Schmiele.* — Pl. de 60 à 130 cm.;
l'une de nos plus belles graminées; à f. gazonnantes, planes,
très longues, raides; à fl. verdâtres, en panicule; en juin, août.
Affecte différentes formes, selon les stations. Très commune
dans les bois et les prés humides, jusque dans les tourbières et
les pâturages marécageux des hautes Vosges. Propre au gazon,
dans les parties humides et sous couvert, comme à ciel libre,
en toute terre substantielle.

403. MELICA CILIATA, L. Mélique ciliée. *Gewimpertes Perlgras.*
— Pl. de 30 à 60 cm.; à f. inférieures raides; à fl. purpurescentes,
en épi garni de nombreuses soies blanches; en juin, juillet.
Affecte différentes formes d'après la nature des stations. Croît
sur les collines calcaires sous-vosgiennes, sundgoviennes et
jurassiques; très commune à Rouffach, Turckheim, Ingersheim,
Barr; sur les collines ou sur les murs des vignes; dans le grès
vosgien, le porphyre, le granit; dans la vallée de la Bruche, à
Mutzig, Haslach, Molsheim, Soultz-les-Bains, Scherwiller, Ramstein, Ortenberg. Propre au gazon, à l'enrochement, par touffe,
en toute terre et à exposition quelconque.

404. MELICA NUTANS, L. M. penchée. *Nickendes Perlgras.* —
Pl. de 30 à 60 cm.; à f. larges de 3 à 5 mm.; à fl. violet pourpre foncé, en grappe penchée unilatérale; en mai, juin.
Croît dans les bois, taillis, clairières de nos montagnes; dans
la plaine de Haguenau; commune dans les terrains calcaires,

dans tout le Jura. Propre au gazon et à l'enrochement, en terre franche ou siliceuse, sous demi-couvert ou à l'air libre.

405. KŒLERIA CRISTATA, L. (K. ALBESCENS, DC.) Keulérie blanchâtre. *Kammförmige Kœlerie.* — Pl. de 15 à 30 et 60 cm.; à f. planes; à fl. blanchâtres, jaunâtres ou nuancées de pourpre, en panicule resserré; en mai, juin. Affecte différentes formes. Croît dans les prairies et pâturages; atteint sa plus grande taille dans les prairies irriguées, à humus riche; plus ou moins grêle, pubescente ou glauque, dans les prairies sèches et pâturages, sur les collines calcaires, dans les lieux sableux de la plaine rhénane et des montagnes inférieures; la couleur glauque se rencontre dans la région rhénane, depuis Huningue et surtout dans la plaine arénacée de Haguenau. Propre à l'enrochement, à la bordure, en toute terre et à toute exposition.

406. POA NEMORALIS, L. Paturin des bois. *Hain-Rispengras.* — Pl. gazonnante, de 30 à 100 cm.; à f. étroites, pliées, vertes ou glauques; à fl. pâles, jaunâtres ou brunâtres, en panicule léger, penché; en juin, août. Affecte différentes formes et couleurs. La forme vulgaire croît dans les bois secs de la plaine et des collines des montagnes inférieures; la variété glauque, dans les rocailles et buissons des hautes Vosges; commune au Hohneck; les autres variétés, dans les bois gramineux un peu humides, dans les prairies ombragées, sur le bord des fossés, dans les forêts et bois rocailleux et jusque dans les bois et taillis des monts élevés. Propre au gazon, sous couvert, en terre et à exposition quelconque.

407. GLEYCERIA SPECTABILIS, Mert. et Koch. (GLYCERIA AQUATICA, Wahl.). Glycérie aquatique. *Ansehnliche Schwaden.* — Pl. de 130 à 200 et jusqu'à 400 cm.; à racines traçantes; à f. larges de 15 à 16 mm., souvent ondulées sur les bords; à fl. verdâtres, jaunâtres ou purpurescentes, en panicule; en juin, juillet. C'est une des plus belles graminées alsaciennes. Très commune dans la région rhénane, surtout à Strasbourg; dans la région de la plaine supérieure, sur les bords des rivières, des étangs, des fossés; moins commune dans les vallées; çà et là, dans le Sundgau; rare ou nulle, dans le Jura. Propre aux abords

des eaux, par petits groupes ou en touffe isolée, en terre siliceuse, graveleuse où elle produira toujours un grand effet décoratif.

408. GLEYCERIA FLUITANS, L.-R.B. Gl. flottante, Brouille, Manne de Pologne. *Fluthendes Süssgras, Entengras.* — Pl. de 100 à 200 cm.; à f. pliées; à chaumes flottants ou couchés sur l'eau; à fl. jaunâtres, en panicule très lâche; en juin, juillet. Très commune dans tous les fossés, ruisseaux, bords des rivières et des étangs, dans toutes les régions. Propre aux parties aquatiques, en toute terre et comporte l'immersion.

409. GLEYCERIA PLICATA, Fries. Gl. plissée. *Gefaltetes Süssgras.* — Pl. de 100 à 200 cm.; à f. vert pâle ou jaunâtre; à fl. jaune pourpré, en panicule très lâche; en juin, juillet. Croît dans les fossés aquatiques des terrains argileux, sableux, de Strasbourg à Haguenau; Wintzenheim; rare dans le diluvium caillouteux. Propre aux pièces d'eau, en terre siliceuse et plus ou moins immergée.

410. BRIZA MEDIA, L. Brize intermédiaire, Tremblette, Amourette, Gramen tremblant. *Mittleres Zittergras, Hasenbrod.* — Pl. de 30 à 100 cm.; à fl. vert pourpre et blanches, en panicule; en mai, juillet. Très commune partout, dans les prairies et pâturages de la plaine et des vallées. Propre au parterre et à l'enrochement, par petits massifs, en bonne terre franche.

411. FESTUCA OVINA var. DURIUSCULA GLAUCA, L. Fétuque glauque. *Schaf-Schwingel.* — Pl. gazonnante, de 20 à 80 cm.; à f. épaisses, dures, raides, vert, foncé ou clair dans le type, glaucescent ou bleuâtre dans la variété citée; à fl. verdâtres ou violacées, en panicule unilatéral; en mai, juin. Croît dans les pâturages secs et pierreux, les bruyères, dans les escarpements du Hohneck, dans les bois des Vosges granitiques de moyenne altitude; à Turckheim, Ingersheim, sur les bords caillouteux et sur les digues de la Fecht; sur les collines calcaires, çà et là; dans les sables de la région rhénane. Propre au gazon, à la bordure et à l'enrochement, en terre siliceuse et graveleuse ou calcaire, à tout endroit.

412. FESTUCA SYLVATICA, Vill. F. des bois. *Waldschwingel.* — Pl. de 60 à 180 cm.; à racines traçantes; à f. allongées,

linéaires, de 7 à 9 mm., sur 30 à 40 cm. de long ; à fl. vert pâle, rarement purpurescentes, en vaste panicule ; en juin, juillet. Nous avons trouvé un sujet dont le feuillage était rubané de blanc, particularité qui se rencontre parfois sur d'autres espèces croissant à l'état spontané. Très commune dans les Vosges granitiques et arénacées, depuis Giromagny jusqu'à Kaiserslautern dans le forêts rocailleuses un peu humides ; s'élève jusqu'à 1000 m. d'altitude et descend rarement dans la plaine ; dans le Sundgau, depuis Lucelle jusqu'à Mulhouse ; moins commune dans le Jura. Propre à l'enrochement, par touffe isolée, dans les endroits ayant l'espace nécessaire à son complet développement, en terre siliceuse de préférence et non loin des eaux, dans les îlots, sur les bords.

413. LOLIUM PERENNE, L. Ivraie vivace, Raygras des Anglais. *Ausdauernder Lolch, Englisches Raygras.* — Pl. gazonnante, de 30 à 60 cm. ; à f. étroites, d'un vert gai ; à fl. vertes, en épi ; en mai, juin. Commune partout, dans les prairies, sur les bords des chemins, dans les lieux secs et sablonneux, sous différents aspects ou formes. Propre au gazon par excellence, tant à cause de la couleur riante de son feuillage que de sa rusticité à toute épreuve ; s'accommode de toute terre, mais prospérera mieux en bonne terre franche substantielle.

Equisetaceæ. ÉQUISÉTACÉES. *Schachtelhalmgewächse.*

La forme étrange de cette famille, qui rappelle, en miniature, l'un des caractères de la végétation primitive des temps géologiques, comprend trois espèces du même genre qui aideront à donner au paysage improvisé l'impression du naturel.

414. EQUISETUM EBURNEUM, Roth. (E. TELMATEYA, Ehrh.). Prêle d'ivoire. *Grossscheidiger Schachtelhalm.* — Pl. de 20, 80 à 150 cm. ; à tiges fertiles jaunâtres ou un peu rougeâtres, simples, nues, portant un épi oblong, cylindrique ; à tiges stériles cylindriques, striées d'un blanc d'ivoire qui contraste avec le vert des nombreux rameaux grêles qui les entourent. Assez rare ; croît dans les lieux humides et boisés du lœss, le long du canal

de la Bruche, à Hangenbieten, au Haidenloch, à Kolbsheim ; sur le lias, à Reichshoffen ; dans les vallons du grès vosgien, entre Niederbronn, Bitche et Wissembourg ; assez abondante sur le lœss du Sundgau, à Hirtzbach, Oltingen, Huningue. Propre aux parties humides, sur le bord des pièces d'eau, dans les îlots, les étranglements de terre, à proximité des enrochements, en terre franche.

445. EQUISETUM SYLVATICUM, Tabern.-L. P. des bois. *Wald-Schachtelhalm*. — Pl. de 20 à 40 cm. ; la plus gracieuse de nos prêles ; à chaumes fertiles de consistance molle, d'un vert pâle, souvent nuancé de rose ; en mai, juin, devenant rameux et pareils aux chaumes stériles. Commune dans les forêts humides, les prairies ombragées des montagnes granitiques et arénacées, jusqu'à Kaiserslautern, descendant dans la plaine de Haguenau ; dans la vallée de Massevaux, à la Wangenbourg, à Ostwald ; disséminée dans le Jura.

446. EQUISETUM LIMOSUM, L. P. des bourbiers. *Schlamm-Schachtelhalm*. — Pl. aquatique, de 50 à 150 cm. ; la plus grande de nos prêles ; à chaumes fertiles et stériles semblables, de 6 à 10 mm. d'épaisseur ; fructifie en juillet, août. Très commune dans les fossés de la région rhénane, des vallées des Vosges et du Jura. Propre à l'immersion, dans les parties à fond tourbeux ou marécageux.

Filices. FOUGÈRES. *Farne*.

Ornementale par excellence, cette famille ne saurait être trop répandue dans nos jardins et nos parcs. La culture en est facile, généralement en terre de bruyère, à l'exposition du nord ou de l'est.

447. CETERACH OFFICINARUM, CB.-Willd. Cétérach officinale, Herbe à dorer, Dorade, Doradille, Cétérac, Scolopendre vrai. *Schuppen Vollfarn, Milzkraut, Steinfarn*. — Pl. de 4 à 20 cm. ; à frondes pinnatifides, longues de 5 à 12 cm., sur 10 à 15 mm. ; à divisions arrondies, d'un beau vert en-dessus, à écailles roussâtres ou fauves en-dessous ; à sores en été. Assez rare et dissé-

minée dans la région rhénane ; à Munster, Gueberschwihr, Wintzenheim, Ingersheim, Ribeauvillé, ruines d'Ortenberg, près de Scherwiller, Brumath, Nideck, Sarrebourg. Propre aux enrochements, en terre siliceuse.

418. POLYPODIUM VULGARE, C.B.-L. Polypode commun, Polypode, P. de chêne, Réglisse sauvage, Doux Bòo (au Ban de la Roche). *Gemeiner Tüpfelfarn, Engelsüss.* — Pl. de 15 à 30 cm.; à frondes pinnatifides, à lobes oblongs, linéaires, entiers, larges de 4 à 8 cm., restant vertes pendant l'hiver ; à sores roux, en été. La fougère la plus commune, tant en plaine que dans les montagnes où elle couvre souvent des rochers entiers ou des troncs d'arbres. Propre aux rocailles humides, en lieux ombragés.

419. POLYPODIUM DRYOPTERIS, L. P. dryoptère. *Eichen-Tüpfelfarn.* — Pl. traçante, de 8 à 15 cm. ; à frondes lisses, fort gracieuses, à circonscriptions triangulaires ternées et bipennées, d'abord d'un vert d'émeraude très vif, longues de 7 à 10 cm., larges de 6 à 8 cm.; à sores en mai, juillet. Croît entre les rocailles ou au pied des arbres ; très commune dans nos montagnes, sur le granit, l'eurite, le grès ; dans la forêt de Haguenau ; rare ou nulle dans les terrains calcaires. Propre à l'enrochement, sous couvert, en terre de bruyère.

420. POLYPODIUM CALCAREUM, Sm. P. éperoné. *Storchschnabel Tüpfelfarn.* — Pl. de 8 à 15 cm. ; à frondes vert pâle ou jaunâtre ; rappelle la précédente, mais plus raide. Disséminée dans la région rhénane et les montagnes, sur les rochers des terrains calcaires ; à Sainte-Marie-aux-Mines, sur la dolomie ; sur les fortifications de Strasbourg ; assez répandue dans le Jura. Propre à l'enrochement calcaire.

421. POLYPODIUM PHEGOPTERIS, L. P. phégoptère, P. cilié. *Buchenfarn.* — Pl. de 20 à 40 cm.; à souche traçante ; à frondes ailées, à pennes longues, de 5 à 6 cm.; à sores en été. Très abondamment répandue dans toutes les Vosges granitiques et arénacées, dans les forêts, les rocailles ; nulle dans la plaine rhénane ; rare dans le Jura. Propre à l'enrochement, en terre de bruyère.

422. POLYPODIUM RHÆTICUM, Vill.-L. P. des Grisons. *Gebirgs*

Tüpfelfarn. — Pl. ressemblant à l'Asplenium filix fœmina ; à frondes de 30 à 80 cm., à dents des lobules simples et non denticulées ; à sores en été. Croît sur les escarpements et ravins des hautes Vosges ; au Rossberg, Rotabac, Hohneck, Ballon, etc. Propre à l'enrochement, à ciel libre et en terre de bruyère.

423. BLECHNUM SPICANT, L.-Roth. Blègne. *Gemeiner Rippenfarn.* — Pl. de 15 à 30 cm.; à frondes stériles, d'un vert luisant, rappelant celles du POLYPODIUM VULGARE, longues de 20 à 50 cm., sur 20 à 30 mm.; à frondes fertiles élancées, noirâtres à maturité ; en juillet, août. Assez abondamment répandue dans tout le système vosgien, dans les forêts tourbeuses, humides, près des ruisseaux et aussi commune dans le granit que dans le grès vosgien, jusqu'à Kaiserslautern ; dans la plaine de Haguenau ; peu répandue dans le Jura. Propre à garnir les enrochements, en terre siliceuse et lieu humide.

424. CRYPTOGRAMMA CRISPUM, L. (ALLOSURUS CRISPUS, Bernh.). Cryptogramma crispé. *Alpen-Krausfarn.* — Pl. de 10 à 30 cm.; à frondes stériles à lobules cunéiformes, incisés, dentés ; à frondes fertiles à lobules oblongs, très entiers et contractés jusqu'à la nervure ; en juin, juillet. Croît dans les rocailles des hautes Vosges ; au Ballon de Soultz autrefois, au Hohneck, au Rotabac, entre le lac Noir et le lac Blanc. Propre à l'enrochement, en terre de bruyère, mais de culture difficile.

425. POLYSTICHUM FILIX MAS, L.-Roth. (ASPIDIUM FILIX MAS. Sw.). Polystic, Fougère mâle. *Gemeiner Waldfarn, Wurmfarn, Farnkraut-Männlein.* — Pl. de 60 à 120 cm.; à frondes à circonscriptions oblongues, lancéolées, bipennées, végétant en avril, jusqu'en juin, périssant en novembre ; à sores en mai, juillet. Commune et abondamment répandue dans les Vosges, le Jura, jusqu'à 1300 m. d'altitude, dans les lieux couverts et rocailleux ; fréquente aussi dans les forêts de la plaine. Propre à toutes les parties couvertes, tant soit peu humides, en terre de bruyère de préférence.

426. POLYSTICHUM SPINULOSUM, Retz. DC. (ASPIDIUM SPINULOSUM, Sw.). P. à petites pointes. *Dorniger Schildfarn.* — Pl. de 30 à 60 cm., parfois 80 et 150 cm.; à aspect ovale, triangulaire et

très variable dans ses formes ; à frondes bi- tripennées ; à sores
en été. Abonde dans le système vosgien ; la forme évasée dans
les terrains granitiques et porphyriques ; la forme élancée dans
le grès vosgien et l'alluvion sableuse de ce terrain. Propre aux
massifs et à l'enrochement, un peu partout, en terre siliceuse
ou de bruyère.

427. POLYSTICHUM CALLIPTERIS, Ehrh.-DC. (P. CRISTATUM,
Roth. ASPIDIUM CRISTATUM, Sw.). P. à crêtes. *Kammförmiger
Schildfarn.* — Pl. voisine du P. SPINULOSUM, de 30 à 50 cm. ;
à frondes vert pâle ; à sores brunâtres, abondants, en été. Rare
et disséminée dans les forêts humides ; aux environs de Haguenau, surtout à Marienthal. Propre aux parties humides des
massifs, des couverts et des enrochements, en terre siliceuse.

428. POLYSTICHUM OREOPTERIS, Ehrh.-DC. (ASPIDIUM OREOP-
TERIS, Sw.). P. glanduleux. *Berg-Schildfarn.* — Pl. de 30 à 50
cm. ; voisine de la fougère mâle ; à frondes à faces inférieures
munies de glandules résinoïdes, moins hautes et plus distancées
que dans le P. FILIX MAS ; à sores en juillet, août. Commune
dans les Vosges granitiques centrales, surtout au Hohneck, au
Ballon de Giromagny, au Rossberg ; rare sur l'eurite ou grauwacke ; assez répandue dans le grès vosgien, tant au midi qu'au
nord de la chaine des Vosges. Propre à l'enrochement, en terre
de bruyère et à ciel ouvert.

429. POLYSTICHUM THELYPTERIS, L.-Roth. (ASPIDIUM THELYP-
TERIS, Sw.). P. à bords roulés. *Sumpf-Schildfarn.* — Pl. de
30 à 50 cm. ; à souche horizontalement traçante ; à frondes
ailées, à circonscriptions oblongues, lancéolées et portées sur
un long pédoncule ; à sores en juillet, août. Croît dans les
marais, les bois tourbeux et vaseux, les prairies ombragées et
humides de presque toute la région rhénane ; abonde dans le
Ried, entre Limersheim et Meistratzheim, entre Ostwald et
Lingolsheim, dans l'Ostwinkel, à Sarrebourg, Bitche ; à Guebwiller ; assez répandue dans le Sundgau. Propre aux parties
humides quelconques et en terre tourbeuse.

430. POLYSTICHUM ACULEATUM, L.-Roth. (ASPIDIUM ACULEA-
TUM, Roth.). Polistic, Aspidie à cils raides. *Stacheliger Schild-*

farn. — Pl. de 30 à 60 cm., variant souvent de forme; à frondes fermes, à circonscriptions ovales, lancéolées et atténuées aux deux extrémités, une ou deux fois pennées ou pinnatifides, à segments un peu courbés en faulx; à sores en été. Extrêmement commune dans les Vosges; au Schlosswald, près de Munster; dans les forêts rocailleuses; dans la forêt de Haguenau. Propre à l'enrochement, en terre siliceuse et endroit humide.

431. Polystichum Lonchitis, Roth. (Aspidium Lonchitis, Sw.). Polistic, Asp. en cimeterre. *Scharfer Schildfarn*. — Pl. de 20 à 30 cm., semble une forme mineure du P. aculeatum. Très rare dans les Vosges; sur les rochers, près du lac de Soultzeren, au Rossberg. Propre à l'enrochement, en terre de bruyère.

432. Cystopteris fragilis, L.-Bernh. Cystoptère fragile. *Zerbrechlicher Blasenfarn.* — Pl. fort élégante, de 10 à 30 cm.; à frondes délicates et fragiles, deux ou trois fois ailées ou pinnatifides, très polymorphes, d'un vert gai; à sores en été. Très commune dans les Vosges, dans les fentes des rochers humides, près des sources, sur les vieux murs ombragés; abonde sur la montagne de Sainte-Odile; répandue aussi dans le Jura. Propre aux enrochements humides, en terre de bruyère ou autre.

433. Asplenium Filix fœmina, L.-Bernh. Doradille, Fougère femelle. *Wald-Steinfarn-Weiblein, Weiblicher Streifenfarn.* — Pl. de 60 à 100 cm., plus délicate que la fougère mâle, plus finement découpée, varie beaucoup; à sores en juin, août. Très commune dans les Vosges, dans les forêts et bois rocailleux, dans les pâturages ombragés, dans les forêts de la plaine de Haguenau et de Vendenheim. Propre à tous les caprices de l'enrochement, sous couvert, en terre quelconque et emplacement plutôt humide.

434. Asplenium septentrionale, L.-Sw. D. septentrionale. *Nördlicher Streifenfarn.* — Pl. de 10 à 15 cm.; à frondes simples, gazonnantes, vert vif, divisées au sommet en 2 ou 3 segments; à sores en juin, juillet. Très répandue dans tout le système vosgien, dans les fentes des rochers ou des vieux murs

sans mortier, sur le granit, le gneiss, la grauwacke, le grès vosgien ; à Thann, au Rang ; à Metzeral, dans la vallée de Munster ; à Heiligenstein, derrière le château de Dambach ; au Champ-du-Feu ; à Bitche. Propre à l'enrochement, en terre siliceuse, aux endroits arides.

435. ASPLENIUM RUTA MURARIA, L. D. rue des murailles, Sauvevic. *Mauerraute.* — Pl. en touffe, de 4 à 12 cm.; à frondes une ou deux fois ailées, à segments peu nombreux, entiers ou crénelés dans leur partie supérieure ; à pétiole noirâtre vers la base ; à sores en été. Très commune, tant en plaine que dans les montagnes, dans les vieux murs, les rochers, etc. Propre à l'enrochement, à la décoration des murs de soutènement, en terre de bruyère.

436. ASPLENIUM GERMANICA, Weiss. D. germanique. *Deutscher Streifenfarn.* — Pl. de 6 à 15 cm., voisine de l'A. RUTA MURARIA, grêle ; à pétiole noir luisant jusqu'au milieu ; à sores en été. Croît sur les rochers, dans les fentes des vieilles murailles granitiques sans mortier, des vallées des Vosges centrales; vallées de la Tuhr, de la Lauch, de la Fecht ; rare dans le grès vosgien. Propre à l'enrochement, aux murs secs, en terre de bruyère.

437. ASPLENIUM ADIANTUM NIGRUM, L. D. noire, Capillaire noire. *Schwarzes Frauenhaar, Schwarz Haarfarn, Schwarz Capillär.* — Pl. de 20 à 30 cm.; à souche oblique, brune ; à frondes à circonscriptions lancéolées, triangulaires, bi ou tripennées ; à pétiole capillaire, noirâtre ; en juin, juillet. Très répandue ; abonde dans les Vosges granitiques, curitiques et arénacées ; dans les fentes des rochers ; très disséminée dans le Jura. Propre à l'enrochement, en terre de bruyère, à l'exposition du nord.

438. ASPLENIUM TRICHOMANES, L.D. polytric, Polytric officinal, Capillaire, C. ordinaire. *Braunstieliger Streifenfarn, Gemeines Frauenhaar, Schwarzer Widertodt.* — Pl. de 6 à 15 cm.; à frondes nombreuses, simplement ailées, à lobes oblongs, ovales, crénelés; à pétiole noir luisant ; en juin. Très commune partout, dans les vieilles murailles et les fentes des rochers ; fré-

quemment aussi en plaine. Propre à l'enrochement, en terre de bruyère, en premier plan.

439. ASPLENIUM VIRIDE, Huds. D. verte. *Grünstieliger Strei-fenfarn.* — Pl. de 4 à 15 cm., différant peu de L'ASPL. TRICHO-MANES, dont elle paraît n'être qu'une variété; à pennes d'un vert clair, presque opposées, crénélées; à sores en été. Assez rare; dans les fentes des rochers du grès vosgien, près de Ribeauvillé, entre le Tænchel et l'Yberg, aux environs de Sarre-bourg; sur la grauwacke, au Rossberg. Propre à l'enrochement, en terre de bruyère.

440. SCOLOPENDRIUM OFFICINARUM, Sw. (Sc. OFFICINALE, DC. Sc. VULGARE, Sm.).Scolopendre officinale, Scolopendre, Langue de Cerf. *Gemeine Hirschzung.* — Pl. de 30 à 40 cm.; à 5 et 6 frondes linguiformes, larges de 3 à 4 cm., à peu près entières sur les bords; à sores en été. Assez disséminée dans les ro-cailles des montagnes; assez commune dans la vallée de Munster, aux vallons de Mittla, de la Wolmsa; dans la vallée de Sainte-Marie-aux-Mines; à Barr, Ribeauvillé, Guebwiller, le long du vallon qui descend du lac. Propre aux rocailles humides, dans les lieux ombragés.

441. PTERIS AQUILINA, L. Ptéris aigle impérial, Aquiline, Fou-gère, F. commune, Grande fougère, F. impériale. *Adlerfarn, Kaiser-Adlerfarn.* — Pl. de 80 à 200 cm.; à souche longuement traçante, noirâtre; à frondes très amples, trois ou quatre fois ailées; à pétiole noirâtre à la base; se flétrissant en automne ou vers l'hiver; à sores en été. La plus commune, est une véri-table mauvaise herbe dans nos forêts et surtout dans les champs montueux situés près des forêts; dans la plaine de Haguenau, jusqu'à Reichstætt. Propre à l'enrochement et au massif, sous couvert, en terre de bruyère ou siliceuse et trop négligée jus-qu'à ce jour; sa force d'expansion mérite d'être utilisée partout où le couvert sera assez étendu et élevé pour comporter une garniture élancée.

442. OSMUNDA REGALIS, L. Osmonde royale, Osmonde, Fou-gère fleurie, F. aquatique, F. royale. *Königsfarn, Wasserfarn, Mayenträubel, Saufarn* (à Oberbronn). — Pl. de 80 à 150 cm.;

c'est la plus belle et la plus remarquable de nos fougères ; à souche profonde, forte et obliquement traçante ; à frondes amples, bipennées, longues, à pennules fertiles en panicule blanc verdâtre ; en mai, juillet. Abondamment répandue dans les bois humides du grès vosgien ; entre Lutzelstein, Lichtenberg, Ober-bronn, Bitche, Steinbach, jusqu'à Wissembourg et dans toute l'alluvion arénacée, depuis Haguenau, Kœnigsbruck, Lauterbourg, jusqu'au Bienwald, dans les bois humides ; sur le grès vosgien du massif du Champ-du-Feu, depuis le château de Landsberg, par la Bloose, jusqu'au Sieben-Winden-Wald et au-delà ; nulle dans le Haut-Rhin. Propre à l'enrochement, en terre siliceuse, sous couvert.

RÉPERTOIRE

DES PLANTES LES PLUS RECOMMANDABLES.

Plantes pour lieux secs. Nᵒˢ 21 — 34 — 45 — 49 — 58 — 63 — 64 — 68 — 71 — 78 — 79 — 96 — 97 — 98 — 100 — 101 — 102 — 103 — 117 — 119 — 120 — 121 — 122 — 123 — 124 — 125 — 126 — 134 — 143 — 145 — 146 — 147 — 152 — 156 — 162 — 172 — 175 — 177 — 185 — 188 — 191 — 203 — 204 — 205 — 208 — 209 — 241 — 242 — 259 — 260 — 261 — 267 — 279 — 287 — 288 — 329 — 349 — 383 — 393 — 396 — 399 — 400 — 403 — 411.

Plantes pour lieux humides. Nᵒˢ 8 — 18 — 33 — 43 — 59 — 60 — 70 — 90 — 91 — 94 — 105 — 109 — 115 — 130 — 131 — 132 — 141 — 150 — 183 — 184 — 186 — 199 — 200 — 210 — 217 — 223 — 226 — 227 — 235 — 237 — 240 — 249 — 250 — 271 — 283 — 330 — 359 — 360 — 361 — 362 — 363 — 376 — 377 — 381 — 382 — 385 — 387 — 391 — 392 — 395 — 414 — 429 — 432 — 433 — 442.

Plantes pour lieux marécageux ou aquatiques. Nᵒˢ 10 — 11 — 12 — 13 — 14 — 23 — 24 — 30 — 114 — 115 — 116 — 135 — 136 — 194 — 218 — 219 — 238 — 240 — 253 — 278 — 281 — 282 — 284 — 290 — 291 — 292 — 293 — 294 — 369 — 370 — 371 — 373 — 374 — 375 — 389 — 390 — 394 — 398 — 407 — 408 — 409 — 416.

Plantes pour lieux couverts. Nᵒˢ 27 — 28 — 55 — 62 — 66 — 84 — 90 — 93 — 94 — 95 — 104 — 129 — 131 — 132 — 141 — 142 — 144 — 148 — 150 — 158 — 159 — 160 — 168 —

176 — 177 — 184 — 189 — 195 — 197 — 207 — 212 — 213 — 214 — 220 — 221 — 228 — 230 — 231 — 232 — 236 — 251 — 252 — 258 — 260 — 264 — 265 — 269 — 270 — 275 — 277 — 285 — 289 — 337 — 338 — 340 — 345 — 348 — 364 — 366 — 368 — 377 — 383 — 388 — 397 — 401 — 402 — 404 — 406 — 412 — 415 — 418 — 419 — 421 — 423 — 426 — 427 — 428 — 430 — 437 — 440 — 442.

Plantes grimpantes. N⁰ˢ 80 — 81 — 82 — 83 — 87 — 88 — 89 — 167 — 222 — 223 — 336.

Plantes pour gazons. N⁰ˢ 76 — 208 — 396 — 406 — 413.

TABLES ALPHABÉTIQUES

DES ESPÈCES MENTIONNÉES.

Les noms des espèces sont **précédés** de leur numéro.

Les noms cités comme synonymes sont **suivis** du numéro, pour les distinguer des premiers.

NOMS BOTANIQUES LATINS.

NOMS BOTANIQUES ET VULGAIRES FRANÇAIS.

NOMS BOTANIQUES ET VULGAIRES ALLEMANDS.

Abbiss, rauher, 154.
— voir Teufelsabbiss, 154.
Abnehmkraut, 279.
Ackermennig, 106.
Ackernägele, weisse, 45.
441. Adlerfarn.
— Kaiser, 441.
Adonis, Frühlings, 9.
9. — Röschen, gemeines
Aeschwurz, 67.
Affodill, 343.
20. Akelei, gemeine.
198. Alant, Weidenblättriger.
199. — Wiesen.
Allermannsharnisch, 344.
184. Alpendost, graublättriger.
281. Ampfer, Fluss.
282. — Riesen.
— Weyer, 281.
263. Andorn, gemeiner.
— Sumpf, 278.
— Wasser, 257.
— weisser, 263.
Angesicht v. Teufelsange-
sicht, 314.
Apostemkraut, 152.
368. Aronstab, gefleckter.
Auge, v. Blutauge, 105.
— v. Guckauge, 1.
— v. Ochsenauge, 212.
— v. Rindsauge, 212.
Augentrost, blauer, 227.
Bachbumbel, 250.
Bärendopen, 138.
Bärenfenchel, 137.
138. Bärenklau, gemeine.
Bärenhecken, 345.
Bärentatze, 138.
Bärmutter, 137.

Bärtle v. Hergottsbärtle, 91
Bärtlein v. Hergottsbärt-
lein, 109.
137. Bärwurz, gemeine.
150. Baldrian, arzneilicher.
151. — dreiblättriger.
— wilder, 150.
Balsam, wilder gemeiner,
254.
Bart v. Bocksbart, 90.
— v. Donderbart, 126.
— v. Geisbart, 90.
— v. Teufelsbart, 2.
— v. Waldbart, 90.
393. Bartgras, gemeines.
Beere v. Teufelsbeere, 225
204. Beifuss, Feld.
203. — Kampher.
226. Beinwell, arzneilicher.
Benediktenkraut, 93.
Benediktenwurz, gemeine,
93.
— Wasser, 94.
Berghähnlein, 3.
Bergmelissen, 270.
264. Bergminze, arzneiliche.
Bergpeterle, grosser, 140.
42. Bergviolen.
Bertram, wilder, 210.
Bertramwurz, 207.
Berufkraut, 279.
191. Berufskraut, gemeines.
Beschreikraut, Glied, 279.
Biebernell, welsches Gar-
ten, 109.
— Wiesen, 108.
360. Binse ausgebreitete.
361. — Band.
359. — gemeine.
— grosse, 375.

Notes rectificatives.

Lire ou ajouter : N° 32. Stinkrauke. — N° 43. Steinbrech-
gewächse. — N° 53. Schlitznägele. — N° 85. Hohlandsperg.—
N° 114. Meerbeerengewächse = Haloragées, ou encore Tann-
wedelgewächse = Hippuricacées. — N° 122. Pl. de **20** à **40** cm.
— N° 123. Pl. de **20** à **40** cm. — N° 127. S. Aizoon. —
N° 143. Halskräutlein. — N° 148. f. de 3 à 4 **cm**. sur 7 à 8
mm. de large. — N° 149. f. longues de 7 à 9 **mm**. — N° 162.
C. fausse raiponce. — N° 213. Wintergrüngewäckse = Pyrola-
cées. — N° 318. Orchis vert. — N° 370. **Quenouille**. — N° 387.
C. faux Souchet. — N° 407 à 409. Glyceria.

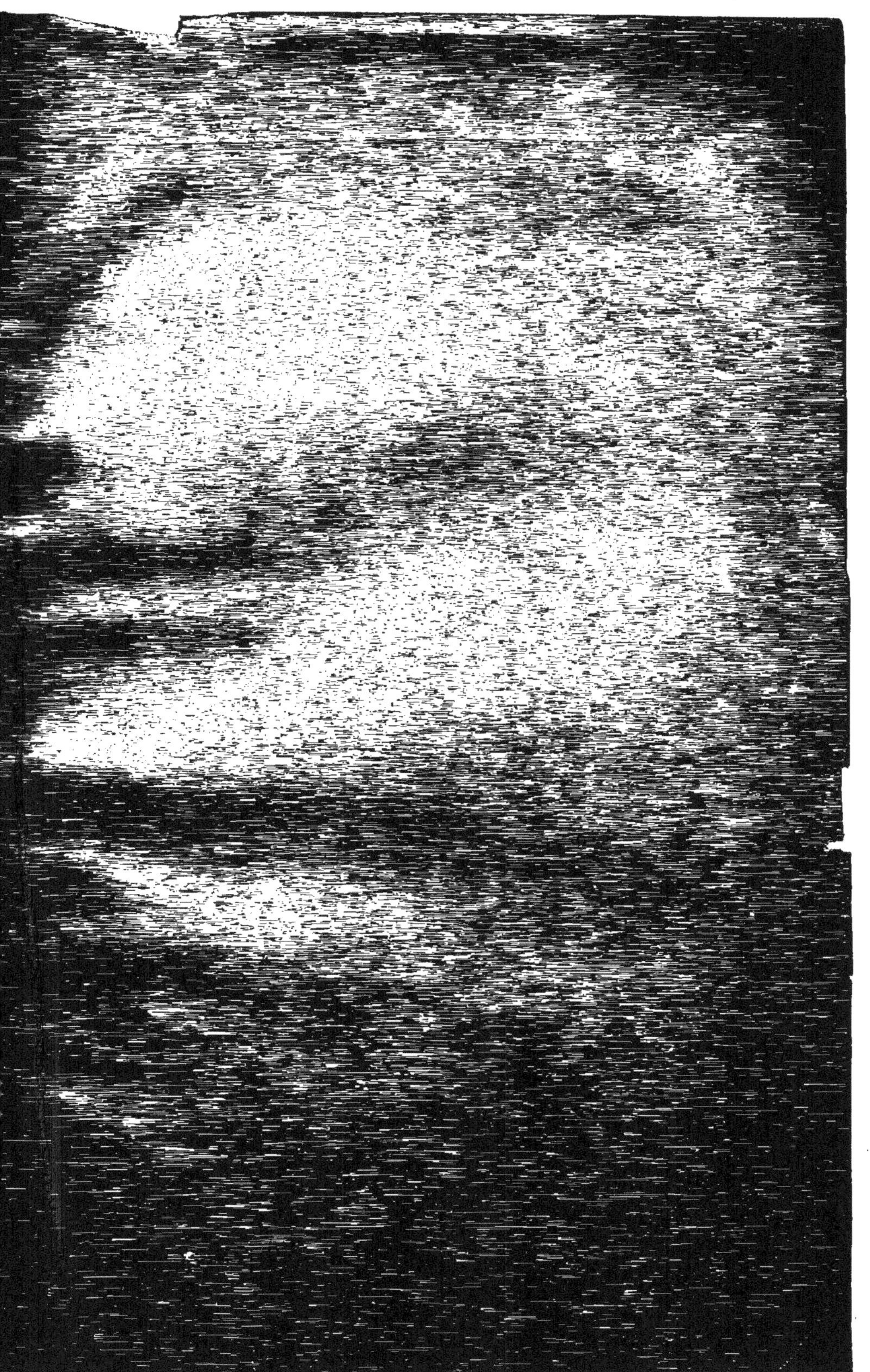

www.ingramcontent.com/pod-product-compliance
Ingram Content Group UK Ltd.
Pitfield, Milton Keynes, MK11 3LW, UK
UKHW021528090726
13657UKWH00001B/479